用户体验设计

常方圆 编著

南京大学出版社

图书在版编目（CIP）数据

用户体验设计 / 常方圆编著 . –– 南京 : 南京大学
出版社, 2019.1
  ISBN 978-7-305-21496-7

Ⅰ . ①用… Ⅱ . ①常… Ⅲ . ①软件设计 Ⅳ .
① TP311.1

中国版本图书馆 CIP 数据核字（2019）第 012765 号

出版发行　南京大学出版社
社　　址　南京市汉口路22号　　　　　　邮　编　210093
出 版 人　金鑫荣

书　　名　**用户体验设计**
编　　著　常方圆
责任编辑　武　萌　沈　洁　　　编辑热线　025-83592123

照　　排　南京新华丰制版有限公司
印　　刷　南京凯德印刷有限公司
开　　本　880×1092　1/16　印张　6.25　字数　150千
版　　次　2019年1月第1版　2019年1月第1次印刷
ISBN 978-7-305-21496-7
定　　价　42.00元

网址：http://www.njupco.com
官方微博：http://weibo.com/njupco
微信服务号：njuyuexue
销售咨询热线：（025）83594756

前　言

体验，可能是目前世界上最重要的事情之一。

人和机器无限交融的今天，我们每天被手机闹铃叫醒，刷完社交媒体才入睡，靠智能音箱和智能助手掌控家中的电器，甚至是监视我们的宠物。

我们已经很少再讲人机交互（HCI，Human Machine Interact）的概念，因为人机交互的顺畅是上个世纪的标准，而美好的体验才是这五年所有交互设计的核心。我们使用手机的时候，我们使用智能家居产品的时候，一切的感受，可能是对产品好恶判断的第一准绳。我们可能会用"很好用"、"我喜欢"、"好漂亮"这些完全感性的形容词来形容给我们美好体验的交互产品。

在物质不再匮乏的社会，从"无"到"有"很容易，而"有"与"好"的区别却是一个产品、一种服务的决胜之道。对用户来说，体验很重要，它为用户提供顺畅的使用和愉悦的感受。对企业来说，体验也很重要，它是充分竞争的商业环境中的决胜关键。对产品来说，体验也很重要，挑剔的用户通过体验，决定扬弃产品。

用户体验设计的书珠玉在前太多，而我们希望能有一本针对入门学习者的教材，从零开始，讲述概念和实践，并且从系统性出发，以概念为链接，最终讲述实践过程。这位学习者可能是高校的在读学生，也可能是对用户体验设计颇有兴趣的自学者。

本书的写作受到高等职业教育创新发展行动计划（2015-2018年）XM-01-01数字媒体艺术设计重点专业建设项目的资助，特此鸣谢。本书的写作还受到了陈雪的帮助，特此感谢。

编者
2019年1月

目 录

第一章
用户体验设计

第一节　用户体验设计定义

一、英文释义

User Experience Design 逐字翻译成中文"用户体验设计"，也被缩写作 UED，而 User Experience 有时会被缩写作 UX，所以用户体验从业者一般会自称自己是 UED 设计师或者 UX 设计师。二者通用。在英文世界里，还是 UX 的缩写相对主流。

用户体验设计的核心是关于使用产品的感受、情绪，如图 1-1-1 所示。只是满足"可以用"的是产品设计，而满足"好用"的才是用户体验设计。每个经历过狂甩番茄酱而不得的用户，应该都能理解用户体验设计的紧要性。

图 1-1-1　产品设计 vs 用户体验设计

二、ISO 定义

ISO9241-210 将用户体验定义为"一个人对产品、系统或服务的使用或预期使用产生的感知和反应"。根据 ISO 定义，用户体验包括在使用之前、期间和之后发生的所有用户的情绪、信念、偏好、感知、身体和心理反应、行为和成就。ISO 还列出了影响用户体验的三个因素：系统、用户和使用环境。用户体验设计（User Experience Design），是以用户为中心的一种设计手段，以用户需求为目标而进行的设计。设计过程注重以用户为中心，用户体验的概念从开发的最早期就开始进入整个流程，并贯穿始终。其目的就是保证：

1. 对用户体验有正确的预估。

2. 认识用户的真实期望和目的。

3. 在功能核心还能够以低廉成本加以修改的时候对设计进行修正。

4. 保证功能核心同人机界面之间的协调工作，减少 bug（程序错误）。

以下用大白话来解释 ISO9241-210 的意思：用户体验设计有四个层面，第一个层面是对产品正确的设计形式的预估；第二个是对用户的渴望的理解；第三个层面是即使产品设计到一半，我们改了一些用户体验设计成本也不会高到让客户或者企业无法承受；最后一个层面是，用户体验设计师和程序员可以一起工作，不出现程序错误。

正是由于这样的四个层次要求，用户体验设计涵盖了交互设计、信息建构、用户调查与其他学科领域，也被定义为最终传达给用户的整体体验。

三、用户体验的历史

用户体验的早期发展可以追溯到包括 19 世纪和 20 世纪初的机器时代。受机器时代知识框架的启发，寻求改进装配工艺以提高生产效率和产量，促进了重大技术进步的发展。例如，在移动装配线上大批量生产，高速印刷机，大型水力发电厂和无线电技术等，都涉及用户体验的设计部分。甚至是汽车的操控系统，也是需要用户体验设计的。

简而言之，有人与机器之间的交流沟通，就会产生用户体验。

最早的用户体验并不是用来提升产品使用的体验，而是为了让工人的劳动更加高效，弗雷德里克·W. 泰勒（Frederick Winslow Taylor）和亨利·福特（Henry Ford）都是在这个领域的前沿进行着探索。这被学界普遍认为是用户体验设计的雏形。

如图 1-1-2 为福特汽车的生产线，福特通过该产线提升，帮助福特轿车的产量获得了质的飞越。这是曾经的人与机器之间的交互所改变的生产模式。规模经济与大量制造流程相互衔接。通过改善人机交互，让工人可以更高效率地反复操作一个流程，从而提升生产效率。

图 1-1-2　福特汽车的生产产线

唐纳德·诺曼（Donald Norman）在20世纪90年代中期对用户体验这一术语进行了更加广泛的定义。

他曾经在讲座中提及，"用户体验"这个术语仅用于使用的情感方面。之后他在著作中表达过，"用户体验"一词用于表示转变为"包括情感因素以及传统上在现场考虑的先决条件行为问题"。这句话有些拗口，如果拆开来深入研究理解，诺曼的意思是应该考量在交互中用户的交互行为与情感因素、场景之间的关系，也是我们在用户体验研究中经常涉及的部分。

四、与用户体验设计有关的研究领域

由于用户体验设计一直致力于提升用户的整体体验，毋庸置疑，用户体验设计本身是以用户为中心的设计，而提升体验的设计过程是一个复杂的流程，它也形成了一个完整、有机的研究系统。如下图1-1-3所示，如果我们将人（People）、技术（Technology）、商业（Business）和设计（Design）看作是四个客体，他们之间所发生的关系及研究这些关系的内容，将成为用户体验设计研究中重要的研究领域组成部分。虽然在用户体验式合计流程中，我们并不一定涉及所有的研究流程。但仔细研究每个细分领域，都是了解用户体验设计切入点很好的方式。

从商业的角度讲，用户体验设计是客户实现愿景（Vision）路途上的产品助力，并能够充分通过产品来表达公司的目标（Goals），产品的反馈可以为统计分析（Demographic analysis）、业务分析（Business analysis）提供数据。在其中影响到商业的因素很多，与用户体验设计最有关的可能是客户（Client）和预算（Budget）。

从人的角度来看，影响用户体验设计的人有委托方（Customer）和终端用户（User），在研究他们如何使用技术产品的时候，首当其冲的就是人因（Human Factor），这是人机交互理论中重要的研究因子；在研究人与设计的关系时，主要研究创意（ideation）本身的产生过程，设计师与用户一起进行协同设计（Co-design）的方法，在此过程中集体创造（Collective Creativity）是如何发生的。由此引申的设计产生研究（Generative design research）和激发协同设计工具（Co-design tools）等都是细分的研究领域。

从技术（Technology）的角度讲，解决功能（Functionality），工程（Engineering）问题，通过可行性（Feasibility）的预判实现现实性（Realistic），复杂性（Complex）和性能（Performance），是用户体验所需要解决的基础问题及研究方向，让一个人

以用户为中心的
用户体验设计研究领域一览

图1-1-3 以用户为中心的用户体验设计研究领域

机交互的系统可用是最基本的要求。

从设计的角度来讲,美学（Aesthetics）、创意（Creativity）、视觉（Visual）、文化（Cultural）都是设计所想要解决的问题和研究方向。当设计与商业之间产生跨领域的共同考量,品牌（Branding）、市场营销（Marketing）、设计思维（Design Thinking）就成为了重要的研究对象,在偏向人因的研究中创新（Innovation）、设计研究（Design research）、个人及社会文化分析（Individual&Social Cultural Analysis）成为研究核心。在商业、设计、技术共同考量下,可靠性和有效性成为重要核心。

当人的因素、设计的因素、技术的因素发生碰撞时,对交互系统的简单化（Simplicity）,针对已经设计制作完毕的设计成品或者半成品进行的可用性测试（Usability testing）,对产品达成交互（Interaction）效果的有效性（Effectiveness,）,以及对"半成品"——原型的研究就变得非常重要。

五、用户体验设计与用户界面设计的区别

用户体验（UX, User Experience）设计经常会被拿来和用户界面（UI, User Interface）设计做比较。不少学者和从业者用一种强烈对比的方式将用户体验设计和用户界面设计进行"碾压式"对比。

如下图1-1-4所示,网站回答了"用户体验领域的用户体验实际上究竟是什么意思?"为什么用户体验设计师更希望你能记住用户体验设计而不仅仅是用户界面设计?

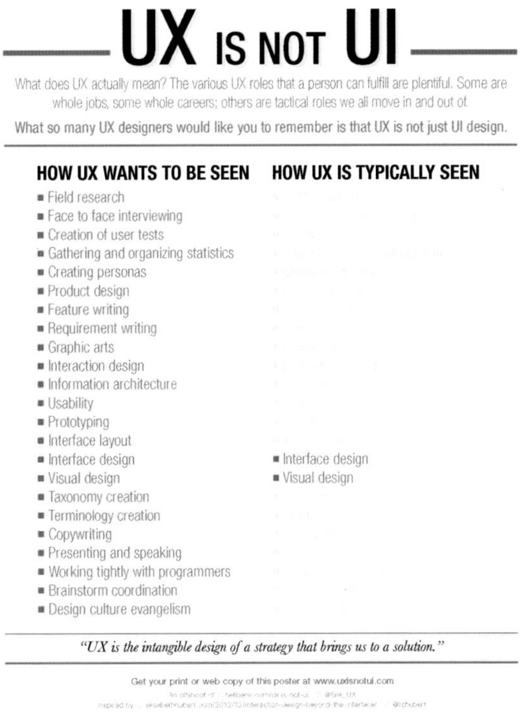

图1-1-4 用户体验设计不是用户界面设计

该网站认为用户体验设计更希望被看作是：

● 实地研究 Field research
● 面对面访谈 Face to face interviewing
● 创建用户测试 Creation of User test
● 信息组织 Gathering and organizing statistics
● 创建用户描述 Creating personas
● 产品设计 Product design
● 需求撰写 Requirement Writing
● 图形设计 Graphic arts
● 交互设计 Interaction design
● 信息架构 Information architechture
● 可用性 Usability
● 原型 Prototype
● 界面设计 Interface design
● 视觉设计 Visual design
● 文案写作 Copywriting
● 展示演讲 Presenting and speaking
● 与程序员紧密合作 Working tightly with programmers
● 设计文化传播 Design culture evangelism

然而，大部分情况下用户体验设计被看作是：

● 界面设计 Interface design
● 视觉设计 Visual design

这恰恰是因为用户只能看到日常生活中常用的用户界面，体会一次次的点击，而用户体验这种无形的设计却无法被感知。

这是因为，用户体验设计是一个流程，一个手段，而用户界面设计是它所产生的最终设计解决方案。用户体验设计可以被看作是一个设计过程，而用户界面设计是一个设计结果。二者并不是敌对的关系。

第二节 用户体验设计的核心价值

用户体验设计对于一个产品或一个企业来说，并不是救命的良药。用户体验设计或者说一个 UX 部门，只是一个企业的锦上添花，而并不能雪中送炭。而它依然重要，其原因就是我们前述的：用户的确需要场景化的体验、情感化的体验，这是交互产品对用户来说最重要的价值。用户体验具有三个层次的价值：第一层，构建产品；第二层：获得用户；第三层：塑造品牌。

一、用户体验设计构建产品

用户体验设计最基础的价值就是构建产品，在前文已经有过概述，关于用户体验构建的流程，正式这些流程造就了最终的用户体验。

通过以下步骤，用户体验设计谋划并构建一个交互产品所呈现的状态。用户体验设计更多掌控的是产品"诞生"过程中的策略与研究过程。在此过程中，用户体验设计师索要研究的领域与层次多种多样。

● 实地研究 Field research

● 面对面访谈 Face to face interviewing

● 创建用户测试 Creation of User test

● 信息组织 Gathering and organizing statistics

● 创建用户描述 Creating personas

● 产品设计 Product design

● 需求撰写 Requirement Writing

图 1-2-1 为工作坊"为老龄化而设计"的用户体验设计构建产品过程中的实地研究。研究小组共 20 人来到了上海市某养老院，开展了为期 2 天的实地研究，形式为面对面访谈。

图 1-2-1　实地研究

如图 1-2-2 所示，工作坊"为女性而设计"的用户体验设计构建产品过程中的思维收集、分析与发散。

图 1-2-2 情绪版

二、用户体验设计帮助商业模式成为闭环

在大部分时候，用户体验设计师必须对商业模式进行了解，因为用户体验设计除了让产品落地，也担负着帮助商业模式成为一个完整闭环的任务。在 2017 年突然爆红的抖音 app，在移动互联网界一直都有影响的 Instagram 都是典型的用户生成内容移动平台。

用户生成内容（User-generated content，缩写 UGC）指网站或其他开放性介质的内容由其用户贡献生成。约 2005 年左右开始，互联网上许多站点开始广泛使用用户生成内容的方式提供服务，许多图片、视频、博客、播客、论坛、评论、社交、维基百科、问答、新闻、研究类的网站都使用了这种方式。

用户生成内容是 Web2.0 概念的组成部分之一。部分用户生成内容站点也会使用或提供网站的开源、自由软件程序或相关 API 支持，以促进用户的协作、技术支持和对网站的发展。

与"用户生成内容"相对的是"专业制作内容"（Professionally Produced Content，缩写 PPC）。

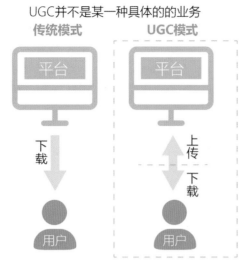

UGC是一种用户使用互联网的新方式，即由原来的以下载为主变成下载和上传并重。

图 1-2-3　UGC 是一种商业模式

　　如图 1-2-3 所示，用户生成内容并不是一种具体的业务，是一种用户使用互联网的新方式。这种转变用户从"浏览"到"被浏览"与"浏览"并重的模式让用户感受到被关注。也让一些普通用户成为了"网红"，获得关注。这种带有社交属性的内容分发方式在后期可以通过多种营销模式进行套现，让用户也有了获得经济回报的机会。由此，整个经济模式成为了一种闭环。

　　优秀的用户体验的基石，是具有经济闭环的商业模式，是让用户具有"获得感"或"即将获得感"。

　　下面以抖音为例。如图 1-2-4 抖音界面截图所示，从使用层面讲，它的沉浸式体验，几乎没有任何干扰的全屏用户体验。在上传、下载的速度上也做到了不卡顿。这对用户的留存有着至关重要的影响。可以说，体验决定了抖音如何去完成整个商业模式的构想。

图 1-2-4　抖音界面截图

从内容层面讲，抖音的成功得力于算法推荐＋人工精选的推荐机制。机器学习用户的兴趣之后，会按一定频率推送相似的视频，但不会过多推送某一类视频引发用户审美疲劳。抖音还会人工精选一些优质内容，推送给粉丝，以及对相关标签感兴趣的用户。更重要的是运营。抖音达人发布创意视频之后，抖音还会通过运营引导普通用户模仿。在某一类创意视频火爆的时候，机器也会对这类视频做更多推荐，吸引普通用户参与。同时，抖音官方和用户都可以发布话题挑战，引导用户在同一个话题下进行创作。机器会向用户推荐其感兴趣的话题。

对于抖音来说，整个基于流量的商业模式依靠算法＋人工精选所创造的内容体验才得以呈现。

三、用户体验设计获得用户

用户体验设计的第二层价值就是获得用户。如果用户通过优秀的设计能够更快速地完成目标与任务，那么这个产品为用户的时间节省、用户的生活方便创造了一些价值。当产品拥有海量用户的时候，这些价值的总和会共同创造社会价值与商业价值。

海量的用户又从哪里来？靠用户体验设计本身就可以带来海量的用户。用得"舒服"、"方便"、"简单"，自然会拥有更多的用户。在使用的时候无法说出"好"在哪里，但是就这样一直用下去了。就像你昨天就认识这个产品、就像一上手就觉得有种熟悉感一样。

如图1-2-5百度app所示，该app的用户体验无限接近百度网页版的体验，在此基础上遵循移动交互的规则。用户一上手就觉得很熟悉，这种从PC端移动到移动端的用户体验"端改"，让很多很好的互联网产品在这十年的中国移动互联网发展中吃到了最多的红利。

用户体验设计除了帮助构建产品外，其对"流量"的捕捉也是功不可没的。而百度app更是借由搜索这个流量入口，为自己的内容产业获得了更加海量的用户。

图1-2-5　百度app

四、用户体验设计塑造品牌

在异国他乡看到支付宝标志的时候，总有一种还在自家门口的错觉，尤其是在外国人用 alipay 来称呼它的时候。支付宝已经不断地在用它的交互体验，将品牌形象根植进用户的大脑。

见蓝色和见"支"如见支付宝的"符号"效应，一直都存在在用户的认知中。这和它的线上、线下标准应用无法分开。这是使用"视觉设计"的体验塑造品牌的方式。

图 1-2-6　支付宝在芬兰

图 1-2-7　支付宝用户界面

　　如图 1-2-7 所示，支付宝将用户界面的蓝色延伸到了线下，并且在多种场景下进行应用。如图 1-2-8 所示，支付宝标志不仅仅应用在款台的付款处，更应用在进出门时的"推""拉"门提示。让所有接受支付宝支付的线下店充分展示支付宝的品牌。这也是阿里一直在运营方面的强项，让线上的体验延伸到了线下。

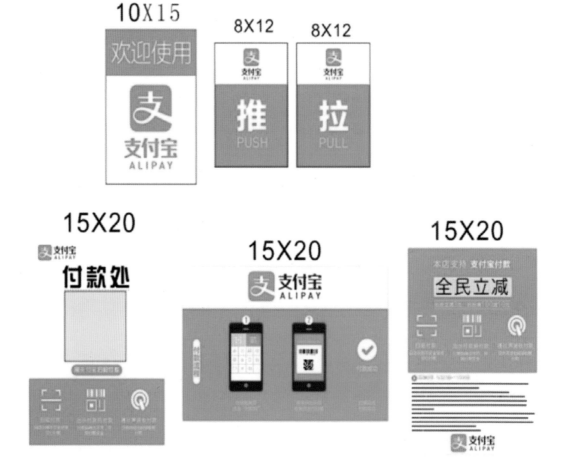

图 1-2-8　支付宝线下应用标准

第三节　用户体验设计师的职业能力

如下图 1-3-1 所示，用户体验设计师职业能力并非是仅仅局限于专业技能，对于用户体验设计师来说，专业技能只是冰山的一角。用户体验设计师的职业能力是综合的，更倾向于"感知"的理性思考。用一个三角形来推敲三种技能，三种技能的关系则是缺一不可。

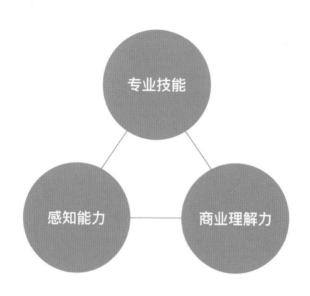

图 1-3-1　用户体验设计师的能力构成

一、专业技能：使用工具完成设计流程

专业技能方面，可以概括为原理的理解、研究工具的使用。对于用户体验设计，首先掌握与用户体验有关的原理，并按照原理推进项目，反复进行理性思考，是整个设计流程基础。在此基础上，正确地使用研究工具，这个学科的很多工具来自其他学科与研究领域。正确并且在合适的地点与时间使用这些工具并得出相关结论。

二、感知能力：用心感受用户

在做用户研究的时候需要调查对象放下戒心，直面自己的想法和需求。用心地倾听用户最深层次的需求。

首先，具备同理心的用户体验设计师是具有感知能力的人，可以对用户的要求感同身受。同理心，即设身处地理解他人感受并作出相应情绪反应的能力。

其次，放下设计师的自我。洞察用户的需求时通常用人物简历的方式去描述我们的目标用户，这个时候就需要设计师放下自己的情感，代入自我，去体验用户的体验，感受用户的感受。

再次，有时用户的表达不甚准确，需要用户体验设计师帮助他们表达，甚至是运用工具表达。

最后，站在中立的角度，不批判用户。不批判用户的世界观价值观。只是对项目进行深入思考。这一点也是最难的一点。

在项目中时常会遇到设计师对一些客户的项目评价"土味"，认为项目的定位不够高压，并始终带着羞耻感来思考项目。这个时候，设计师恰恰要明白的是：当自己不是用户的时候，蔑视用户或者对项目具有不公正的看法，会对项目的推进造成巨大的伤害。

三、商业理解力：知道商业想要什么

用户体验设计是手段，而并非目的。一款没有用户的交互产品，商业价值为0。一款没有盈利能力的交互产品，商业价值为0。甚至从更深层次来说，产品本身也是手段，只有商业模式的达成才是目的。本末倒置往往是不成熟的用户体验设计师时常犯下的错误。

以"交互线框"、调研报告作为设计的目的，以小的用户体验噱头作为设计的目的，都是舍本逐末。

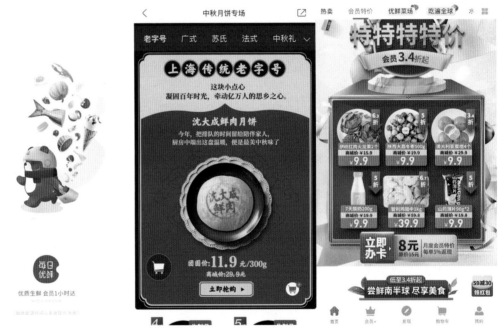

图 1-3-2　app 每日优鲜的用户界面截图

如图 1-3-2 所示，左图为加载页完全根据品牌主色进行设计，加强品牌印象和品牌主业务描述；中图是时间节点中秋节的活动运营入口，为引入流量和增加营业额服务；右图将商品外观与价格最美好的一面展示给用户，上方的标签导航让用户在所有商品类目间切换自如，增强浏览快感。

在使用的时候，感受不到 app 界面的强烈美感，然而可以在快递员开门送菜的一刹那感叹好方便。以商业为核心的用户体验设计就是如此符合商业所需要的一切目的。而用户体验设计师需要的正是理解这种商业运作流程的能力。

真正的用户体验设计应该是从商业出发，搞清楚想要达成的目的。例如，希望用户用最

简单的方式，最傻瓜的方式使用一个 app，并且付费，就使用最直观的设计方式。哪怕客单价只是 12 元人民币，都是用户体验设计的了不起的成功。

图 1-3-3 O2O（Online to Offline 线上到线下）商业闭环图

如图 1-3-3O2O 商业闭环图所示，移动互联网所担负的是在商业体与消费者中担任一定的商业沟通介质。对于 O2O 这种具有中国特色的移动互联网商业模式来说，这个商业的闭环运作几乎完全依赖 app 的装机量和留存量。除了巨额补贴之外，体验可能是决定生死的一条黄金线。

移动互联网肩负着把信息流、数据推送给消费者，并承担消费者需要的搜索、发现、支付、分享等功能。在商业模型没有问题的情况下，流畅的操作和自然的体验是 app 的首要任务。

知道商业要什么，然后帮它做到，是用户体验设计师所要做的事。

四、用户体验设计师的多种职业面相
1. 视觉设计师 /UI 设计师

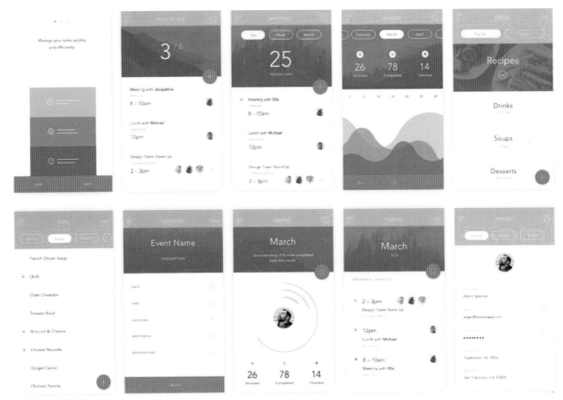

图 1-3-4　app 视觉设计模板

　　每个成功的用户体验设计项目都需要不拖泥带水的漂亮设计作为展示。视觉设计会给用户留下第一眼印象，是抓住用户的第一次机会。视觉设计可以说是用户体验设计的"收口"，是用户体验设计的最终表现形式。有时候我们也称之为界面设计。

　　当稿件还处于未发布阶段的时候，我们会称之为视觉稿。它所传达的内容有：信息的框架，静态演示内容和功能。视觉设计师或界面设计师所提供的视觉稿可以帮助团队成员从视觉的角度来审视整个项目的用户体验设计。

　　它是用户体验设计大领域下的一个细分方向。如图 1-3-4 视觉设计模板所示，这是 designbeep.com 网站上所提供的设计源文件免费下载展示。互联网资源极度开源的今天，我们无论在 dribble（https://dribbble.com/）还是 behance（https://www.behance.net/）上都很容易找到一些关于互联网产品的视觉设计。

　　没有依靠外观能力即刻吸引用户或者留住用户，在某种程度上说就是用户体验设计项目的失败。因为用户体验设计一直致力于了解用户，了解什么样的功能才能满足用户。而这些功能最终通过视觉语言，正确而有效率地传达给用户。

　　当然，如果把整个用户体验设计理解为只为了视觉设计，或者说只是为了让产品变好看，那就过于以偏概全了。

2. 交互设计师

事实上，交互设计（Interaction Design）这个词缩小了这个职位所涵盖的内涵，大部分交互设计师所从事的工作是提升产品的用户体验设计或者重构页面。一言蔽之，交互设计师的职能就是让整个产品变得更好用。

我们时常看到交互设计师会提供的作品是线框图。

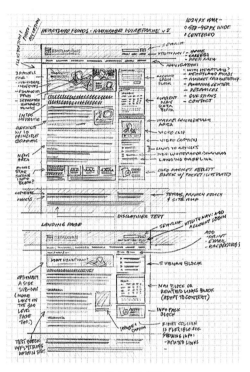

图 1-3-5　线框图

如图 1-3-5 所示，线框图是低保真设计图。它是为了表达内容大纲、信息结构、用户的交互行为等信息。而原型可能在信息的表达上比线框图更进一步，所以在有些场合，交互设计师也被谑称为"线框仔"。线框可以手绘，也可以用软件制作。

交互设计师应该在接到产品的原型或者需求方的需求时，对页面进行整体的规划。确保整个页面在产品中的连贯性和顺畅度，同时完成和放大业务方的真实需求，并从用户角度考虑感受，挖掘用户兴趣等，从而全面提升用户体验。

其中的手段包含了交互、动效、创意、视觉引导、功能调整、心理暗示等方式。这也要求好的交互设计师既有艺术性的视觉甚至音乐的基础，又要关注最前端的技术发展，同时还要懂得感受生活，甚至懂得心理学、营销学、数据分析等知识。

业界普遍认为，沟通也是交互设计需要掌握的技能之一，甚至演讲能力也很重要。如锤子手机发布会所示，锤子手机的用户体验设计总监朱萧木时常会在发布会上讲述锤子手机的用户体验设计。

3. 前端开发

前端开发时常被归为程序员阵营的职业，在一般的认知中，不太会把他 / 她们划入用户体验设计的领域。但是从泛用户体验设计的视角，前端开发也是一种重要的用户体验表达方式。

图 1-3-6　前端开发工作就是代码实现

前端即网站、app 的前台部分，它运行在个人电脑端、移动设备端的浏览器或 app 封装中，实现的是用户体验设计的完整表达，包括布局、色彩、字体、菜单、动效等。如果说交互设计师画好了线框，视觉设计师做好图，最后让这一切动起来的还是前端开发。一句话就是，前端开发把图形化的设想和语言翻译成了程序语言，让电脑看得懂，能执行，就是他们的出色"翻译"，如图 1-3-6 所示。HTML、CSS、JavaScript 是前端开发常用的代码实现技术。

图 1-3-7　前端开发的常用编程语言

超文本标记语言（Hyper Text Markup Language，简称：HTML）是一种用于创建网页的标准标记语言。HTML 是一种基础技术，常与 CSS、JavaScript 一起被众多网站用于设计令人赏心悦目的网页、网页应用程序以及移动应用程序的用户界面。网页浏览器可以读取 HTML 文件，并将其渲染成可视化网页。HTML 描述了一个网站的结构语义随着线索的呈现，使之成为一种标记语言而非编程语言。

CSS 不能单独使用，必须与 HTML 或 XML 一起协同工作，为 HTML 或 XML 起装饰作用。本文主要介绍用于装饰 HTML 网页的 CSS 技术。其中 HTML 负责确定网页中有哪些内容，CSS 确定以何种外观 (大小、粗细、颜色、对齐和位置) 展现这些元素。CSS 可以用于设定页面布局、设定页面元素样式、设定适用于所有网页的全局样式。CSS 可以零散地直接添加

二、问卷准备

准备阶段，主要确定问卷的目标与方向。充分的工作准备是确保研究可靠的基础。在这个阶段，用户体验设计人员要考虑的是：例如，是对产品的满意度调研，还是对用户的消费习惯调研。做这份问卷的主要目的是什么，怎样的数据指标是你最终要的，这些因素将影响整份问卷的设计方向。

1. 样本准备

研究中实际观测或调查的一部分个体称为样本 (sample)，研究对象的全部称为总体。为了使样本能够正确反映总体情况，对总体要有明确的规定；总体内所有观察单位必须是同质的；在抽取样本的过程中，必须遵守随机化原则；样本的观察单位还要有足够的数量，又称"子样"。按照一定的抽样规则从总体中取出的一部分个体。样本中个体的数目称为"样本容量"。例如在问卷调查过程中所出现的问卷并没有完成的样本，就不能作为合格样本。

在调查问卷的准备环节中，我们所说的样本，基本是指我们的目标用户中的一些人，我们把他们作为调查的对象。我们需要根据项目的需求选定合适的对象，并根据对象找出最合适的渠道。虽然名为样本准备，其实，我们在寻找和调查有关的被调查对象，或者说找寻目标用户，让他们成为被调查对象。至于用户从哪里来，这就和渠道的准备密不可分了。

2. 渠道准备

根据问卷的需求和目标来决定发放渠道。问卷的发放渠道有以下三种方式：网络发放、电话外拨、面对面发放，我们也会简单称为网络、电话、面对面。如下表所示：

表 2-1-1　渠道准备

发放渠道	方式	填写方式	优势	劣势
网络	互联网方式、移动互联网方式	用户自行填写	便捷、随时随地、环保低成本、易传播、易统计	对分发途径要有清晰认识，很容易造成同圈层的取样
电话	呼叫中心	呼叫中心代写		需要知道被访者电话号码，成本高
面对面	纸质、访谈	用户自填、工作人员代填	可通过观察用户深入了解被访者	访谈人员要求专业，成本高

由于移动互联网的发达，现在使用移动互联网工具进行的问卷发放与回收，成为业界的问卷方式主流。问卷星、金数据等都可以做到使用微信来分发，并使用后台来进行回收。这样的方式非常受到现在用户体验设计研究人员的欢迎。

超过200万的用户使用金数据做支付订单

图 2-1-3　在线表单工具"金数据"网站首页截图

　　该分发渠道有低成本、环保、便捷等特点。用户也可随时随地填写问卷并提交。在回收阶段，更是方便研究人员的统计工作。如图 2-1-3 所示，主流的移动互联网渠道问卷分发工具"金数据"。

　　但是，网络发放的问卷，非常需要做好样本的区分工作，这是因为在研究过程中往往会通过社交媒介分发问卷，这就导致了问卷所分发到的被调查者往往有着相似的社交圈、生活圈、工作圈。如果项目并非针对该类型用户，则数据结果与实际情况将存在着巨大的鸿沟。

　　例如，调查与我校有关某项目的用户体验可以使用校园网、学校中的学生群、学生朋友圈作为问卷渠道。但如果项目需要针对"年轻互联网用户"的态度进行调查，这样的问卷分发渠道就不适用了。

电话外拨的方式是指由专业的客服人员通过给受访者拨打电话，记录通话信息代为填写问卷。这种方式有一个门槛：首先，需要知道受访者的电话号码；其次，需要受访者配合接受电话咨询，在日常生活中，被大多数人拒绝的专访大部分是电话专访。所以，大部分的电话外拨的访谈方式都选择的是"售后服务"领域，大部分消费者对自己消费过的企业不会抱有过于严重的防备心。大部分电话外拨都是使用外包或者内建团队的方式。在中国的江苏宿迁，有着庞大的面对面咨询，则是由工作人员在现场发放纸质问卷，或邀请受访者参与访谈。填写方式可由用户填写，或者由工作人员代填。面对面的咨询是三种方式中成本最高的一种，全程需要工作人员的配合。一些高质量的问卷则需要专业研究人员通过询问、观察等方式深入挖掘受访者的真实态度。但是，其优势是非常灵活，且具有针对性。研究人员可以在面对用户的几分钟内，就能准确判断受访用户是否符合样本要求。如果不符合，则可以快速结束，节约双方时间。对于符合要求的受访人群，沟通的方式可以更深入，去了解用户观点背后的原因、故事、细节，帮助研究人员分析并挖掘出深层次的研究成果。

在选择问卷渠道的时候，需要注意每一种方式的优劣势。不同渠道会有其本身存在的局限性。在确定渠道之前，还需要明确你的样本人群特征，只有这样才能得到想要的数据。

以"某生鲜电商的消费习惯的问卷调查"为例，这类问卷比较适合以网络途径发放。因为从问卷名就很容易知道想收集的用户样本需要对新鲜食物有粘性需求且熟练线上购物，那么可能网络途径结合面对面咨询相结合的形式能触及这类人群。

以"某软件操作习惯的问卷调查"为例，这类问卷比较适合以网络途径进行发放。因为从问卷名就很容易知道想收集的用户样本需要熟悉电脑操作，那么网络的途径就很容易能触及到这类人群。

以"某产品包装的吸引力调查"为例，这类问卷不建议选择电话调研，因为无法看到实物产品或外观图片。

三、问卷设计

图 2-1-4　问卷组成部分

如图 2-1-4 问卷组成部分所示，一个基本的完整问卷包括标题、卷首语、问题与答题项、结束语组成。

（1）标题应该直抒主题。例如"关于XXX的问卷调查"。

（2）卷首语要表明调查者身份(个人或公司信息)、问卷的内容与目的,也可以包含感谢语、完成奖励、保密措施、完成所需耗时等信息。例如:"亲爱的用户,这是一份关于汽车类商品的网购习惯调查。我们希望您能如实填写,您的反馈有助于我们了解市场状况,从而为您提供更优质的产品。完成本次问卷预计花费3分钟。为感谢您的参与,我们将在一个月内,赠予认真填写的用户小礼品一份。"

（3）问题与答题项是问卷的主体部分。列出问题,并确定问题与选项的类型。

1. 问卷设计原则

问卷设计讲究合理性,一份合理的问卷可以加速填写者完成的速度,降低完成的难度。那么在设计阶段,需要注意哪些细节才能设计出一份合理的问卷呢? 有以下几个原则要注意。

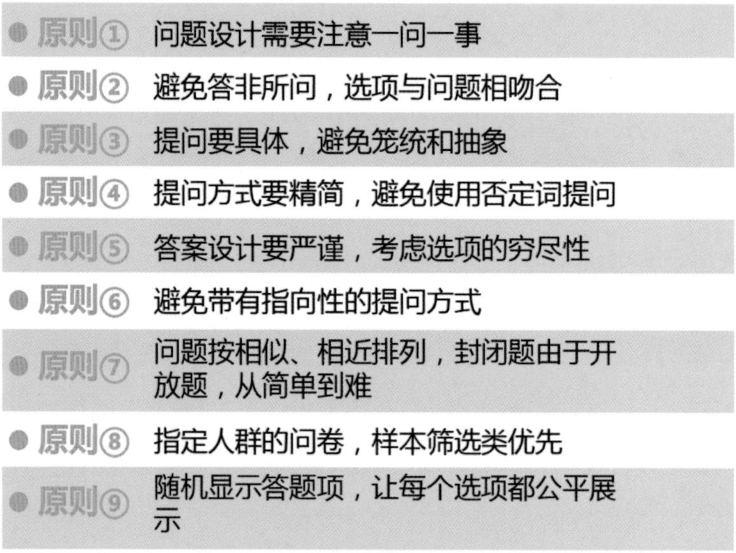

- 原则① 问题设计需要注意一问一事
- 原则② 避免答非所问,选项与问题相吻合
- 原则③ 提问要具体,避免笼统和抽象
- 原则④ 提问方式要精简,避免使用否定词提问
- 原则⑤ 答案设计要严谨,考虑选项的穷尽性
- 原则⑥ 避免带有指向性的提问方式
- 原则⑦ 问题按相似、相近排列,封闭题由于开放题,从简单到难
- 原则⑧ 指定人群的问卷,样本筛选类优先
- 原则⑨ 随机显示答题项,让每个选项都公平展示

图 2-1-5　问卷设计原则

如图 2-1-5 问卷设计原则所示,创建一份问卷看似简单,实则很难。要做到结论不发生偏差,则需要考虑到方方面面的因素,例如样本的精确性,问题与选项的合理性,甚至需要对问题和选项进行准确的数据分析和结论推导。

2. 问卷问题设计

这需要根据问题的目的及数据收集的意义而定,例如,单选题、多选题、矩阵题、排序题等。问题的类型可以分为开放型、封闭型、混合型,其特点如下表所示。最后,调整问题的排序顺序,使其符合用户思维习惯。此外,检查发放方式是否合适,检查语句是否通畅等也需要注意。

	开放题	混合体	封闭题
特点	灵活	复杂	简单
	全开放	部分开放	2个及以上的选项
优势	有利于答题者各抒己见		易于定量分析和统计
劣势	1. 整理和统计是难点 2. 可能答非所问或产生价值答案 3. 受限于答题者的文化差异和填写意愿，回收率无法保证		选项不合理时容易造成强迫选择，造成数据不可信

（4）在问卷提交后，结束语应根据预设为填写者提供有效的反馈。例如，假设需要判断问卷样本的有效性，那么，有效的可以得到奖励，而无效的则不发放奖励。提交失败的要予以失败的提示。当一份问卷在设计之初确定了有效与无效样本的区别，或者设置了奖励以及领取的条件后，那么在问卷结束时，也需要考虑对相关事宜的交代，有始有终。

3. 问卷问题逻辑

问题与选项之间的逻辑性有挑剔逻辑、前题逻辑、终止逻辑、互斥逻辑。举几个例子：

（1）跳题逻辑，属于前置型逻辑，因选项不同而分流至不同的题目，如图 2-1-6 跳转逻辑所示。

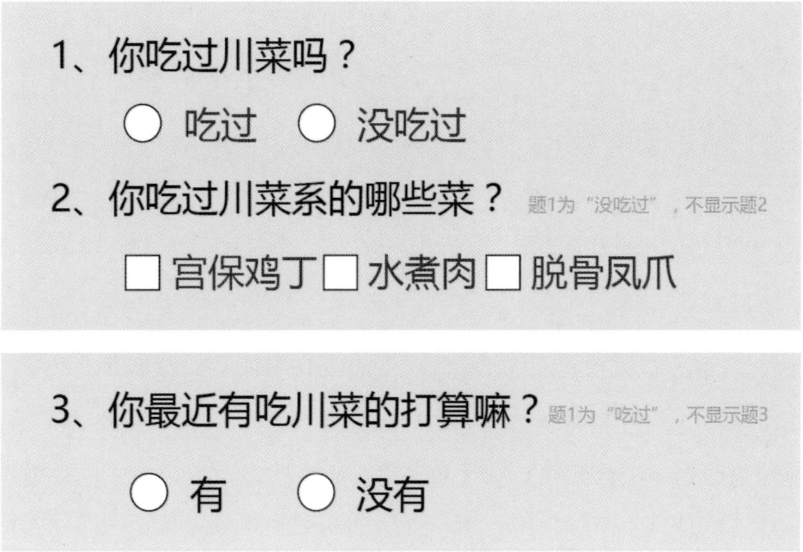

图 2-1-6　跳转逻辑

（2）前题逻辑，属于后置型逻辑，避免关联问题产生逻辑错误而设置的跳转条件，如下图所示，但是这种逻辑并不适用于书面问卷。

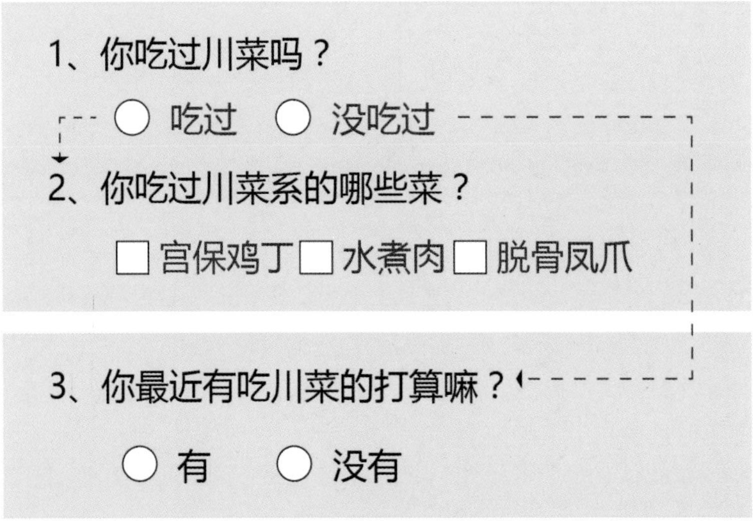

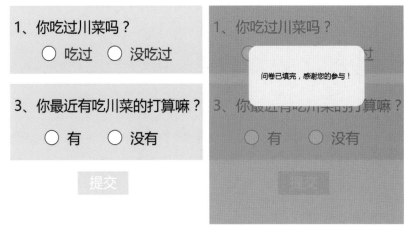

1、你吃过川菜吗？
　　○ 吃过　○ 没吃过
2、你吃过川菜系的哪些菜？
　　□宫保鸡丁□水煮肉□脱骨凤爪
3、你最近有吃川菜的打算嘛？
　　○ 有　　○ 没有

图 2-1-7　跳转逻辑

（3）终止逻辑，常用来判断有无必要继续进行问卷。当无必要时，可及时终止继续答题，节约答题者的时间，如下图所示。这种逻辑也同样不适用于书面问卷，需要有经验的研究院进行筛选。

1、你吃过川菜吗？
　　○ 吃过　○ 没吃过

3、你最近有吃川菜的打算嘛？
　　○ 有　　○ 没有

提交

1、你吃过川菜吗？
问卷已填完，感谢您的参与！
3、你最近有吃川菜的打算嘛？
　　○ 有　　○ 没有
提交

图 2-1-8　终止逻辑

（4）互斥逻辑存在于多选题中，属于选项之间的逻辑，一般类似"以上都没去过"这种选项和其他选项之间设置了互斥逻辑，如果在书面问卷中有互斥选项同时被勾选的话可视为无效问卷，因为答题者并没有认真填写。

合理的问题顺序和跳转逻辑，能使访问者跳过一些不适用于自己的问题，提高答题者的专注力，节约时间。

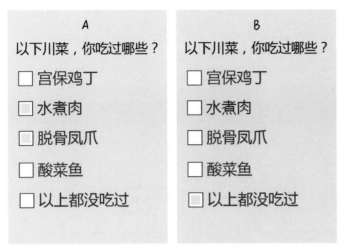

图 2-1-9 互斥逻辑

三、问卷测试

图 2-1-10 问卷测试阶段的主要目标

首先，本章节提及的问卷测试并不是真正的问卷调查过程本身，而是问卷在见到调查样本（用户）之前，要经历的自我检查过程。

问卷测试一般需要设计师自测，以及项目无关人员的帮测。测试之后，记得检查测试的数据，以及调查问卷。测试阶段主要目标有：

（1）检查问卷中的文字，避免出现错字和生僻字。

（2）检查表达的语法，至少保持通畅、容易理解。

（3）检查问题的逻辑性与选项的逻辑性。

（4）避免令人困惑的任何问题，项目无关人员对问题或答案的理解，能够向设计者指出可能令填写人无从下手或者不自在的地方。

案例：测试数据反映的问题

如下图所示，如果收集到的数据主要集中在某个选项，就需要考虑调整选项的区间，因为这样的数据显然不能反映出实际的情况。

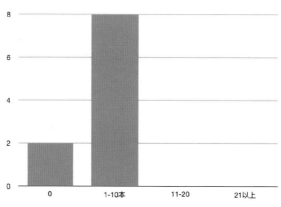

图 2-1-11 数据过于集中的图示

如果不确定区间的范围，可以试着与测试人员沟通，了解一下实际情况，适度分配选项范围，让选项统计结果呈现梯度性，并且梯度间距要合理。

四、问卷回收

回收统计相对于整个问卷来说，是最难的部分，而这部分与数据分析有着密不可分的关系。回收统计阶段需要经历：

（1）回收问卷。网络发放的问卷可以直接得到反馈数据表，而纸质的则需要整理成电子档案以便之后统计。

（2）提出无效样本。最先要做的是进行样本统计，区别有效、无效、测试样本。所有后续的统计都需要在有效样本的基础上进行。

（3）统计样本信息，从整体感知样本用户的特征。

（4）分别进行问题与答案的统计，了解单个问题、关联问题之间的数据结果。

（5）对已掌握的数据进行分析，提炼结论。

一般来说，一份问卷是按照从易到难的顺序进行统计的，如图 2-1-12 所示。

图 2-1-12 数据分析流程

问卷统计也可分为定量与定性两种方法。

定量统计即对于问题选项的统计，其结论一般以百分比、平均值等一些数据结论来表现。简单的数据统计可以利用 EXCEL 来计算，而复杂的则需要借助专业工具，例如 SPSS、SAS 等。

定性统计则表现为对于自定义问题的统计，或结合定性研究的方法共同进行，例如结合用户访谈、眼动仪实验等。这部分的统计需要考验研究人员归纳和提炼信息的能力。

第二节　用户访谈

访谈是用户研究中最常用的方法。其实访谈对于研究员的要求是非常高的，我们需要在访谈中尽量让用户多说话，引导用户把自己内心最深的需求说出来。有时候我们还需要通过用户的微表情和动作来分辨用户是否说的是实情。

用户访谈需要一位主持人和一位被访者参与，可以通过提问和交流的方式进行沟通。用户访谈可以深入了解受访者的想法以及产生想法的过程，甚至可以挖掘其背后真正的原因。用户访谈可以分为标准化访谈和开放式访谈两种类型，如下表。

访谈类型	标准化访谈	开放式访谈
特点	对访谈过程高度控制，提问方式、提问顺序保持一致，甚至固定的选项让用户选择回答的内容。类似面对面的问卷形式。	相对开放式的探索交流，没有固定的答题项，提问顺序更灵活，提问的内容也可以结合被访者的经历展开。
优势	方便对比和量化分析	能够有被访者自由表述，参与感更强。
劣势	受访者表达的超出访谈范围的内容，或特殊的语言无法做数据上的统计。	比较考验主持人对问题的理解以及沟通能力，并且统计和分析难度高。

一般情况下，一次访谈总是以标准化和开放式相结合的方式进行的。这样做有利于数据的分析，并且也能在访谈中收集到更全面的意见。

用户访谈有三个重要阶段：在进行访谈之前，需要进行充分的准备；访谈期间，则需要主持人注意一定的访谈技巧，并由记录员做好记录工作；访谈之后，需要对访谈内容进行分析和提炼。

一、访谈准备

在正式进行访谈之前，需准备小组成员名单、访谈大纲、访谈室、被访者招募计划等。如有需要，还可以增加保密协议、访谈奖励等。

访谈中最主要的因素是受访者。招募受访者时，需要注意：

① 确定**谁是受访者**
② **寻找并筛选**目标受访者
③ 确定奖励和受访**人数**
④ 受访者**日程安排**

图 2-2-1 招募受访者需要注意事项

1.确定你的目标受访者是谁

在招募之前，需要思考什么样的人才是你这次访谈需要的：

● 是产品的忠实用户，还是还没有使用过该产品的新用户；

● 要统计受访者的基本信息，如男女比例、年龄段、地域分配、月收入、文化程度等；

● 要统计行为信息，如上网频率、消费习惯、购买经验等。

2.寻找并筛选你的目标受访者

确定了基本的样本特征后，我们就可以找寻目标受访者了。推荐几种比较常用的方式：

● 从产品现有数据库中寻找合适人选，除了基本信息之外，其他要求可能需要通过电话等方式沟通筛选；

● 从身边的好友、同学、同事中寻找，注意要避免一些项目负责人员，因为他们对于项目的产品过于了解，因此会影响数据结论；

● 通过社交媒体发布邀请信息，然后筛选受访者；

根据尼尔森关于可用性测试的经典理论，依靠 6-8 人便可以找到产品 80% 以上的可用性问题。从投入产出比来讲，6-8 人对于探索产品存在的可用性问题而言，性价比最高。如果访谈涉及多用户群体，就需要在每一类细分群体中找到具有代表性的受访者。做定性研究时，找到有代表性的受访者是最重要的，数量是其次的。

3.确定奖励与受访人数

访谈一般会采用有偿奖励的方式来吸引受访者，面对面的方式可以提供实物商品作为奖励。奖励不宜过多，过多反而容易导致受访者为了拿礼品而来，这样的受访者并不是真正需要的目标群体。

受访人数一般要超过预期的 10%-20%，因为部分受访者可能临时有事无法参与或者失约。

4.受访者日程安排

与愿意参与的受访者约定访谈的时间，这个时间应该尽量安排在项目计划时间内。此外，考虑到可能会迟到、访谈超时等情况的发生，在每个受访者的前后要预留出足够的时间，不要安排的太紧凑。

5. 保密协议

受访者的隐私需要保密。不论在招募时，还是访谈前后，都可以适时地向受访者传达，访谈中的任何信息包括个人信息我们都会保管好，不会随意泄露给第三方或者挪作他用。同样，有些新品或者新网页的试用阶段的可用性测试则需要受访者承诺不在推广之前泄露，同样可以要求受访者签署保密协议。

6. 访谈期间的技巧与工作记录

在正式开始访谈时，需要注意访谈的技巧，并做好记录工作。一次访谈的成功与否，很大程度上取决于这两点。

二、访谈工作人员

小组成员

主持人：1 人

唯一负责与受访者沟通的成员。往往要求主持人有一定的专业经验，全权把控访谈的进度与节奏。

记录员：1 人

负责记录访谈过程中的关键信息，可以借助录像、录音等手段协助记录。严禁在访谈期间出声或者干扰主持人与受访者的对话。

观察员：若干

观察员非必要人员，若有条件，可以安排其在装有单向玻璃的观察室中观察访谈过程，记录受访者的微表情、微动作等容易被忽略的细节，补充后期分析时的判断信息。

三、访谈流程

访谈需要循序渐进，提前准备一份访谈大纲，按照以下顺序展开访谈：

图 2-2-2　访谈顺序

1. 寒暄一番

主持人介绍自己，包括如何称呼自己以及工作内容的介绍。之后，可以请受访者简单介绍一下自己。这个过程可以帮助双方建立良好的合作关系。

2. 访谈前的背景介绍

访谈目的：在访谈一开始，主持人就应该向受访者说明访谈目的，告知通过访谈希望从受访者这里获取哪些信息，例如 App 使用感受、具体如何使用、使用过程中遇到的困惑等。

访谈规则：在访谈开始前，需要告知受访者相关规则，确保访谈顺利有效进行。规则包括真实想法的表达、没有对错之分、访谈用时等。

3. 访谈主要内容

一般问题：对每个受访者都要提问的问题，是贯彻整个访谈的基础。

深入问题：通过受访者对一般问题的回答，可以展开深入的提问，深入问题往往是非计划性的，需要依靠主持人的临场发挥和沟通技巧等能力。如主持人要求受访者回忆当时的场景、仔细描述过程和感受等。回顾和总结：在每个阶段后，都可以略微地回顾和总结一下刚才的访谈，起到承上启下的作用，可以使访谈自然地过渡到下个阶段。

4. 结束语

在问题问完之后，可以简单总结一下，并告知提问已经全部结束，询问受访者是否还有什么想表达的。如果有，请继续倾听和记录。

最后还要感谢受访者提出宝贵意见，并交代一下后续对于访谈内容的整理安排等。

四、访谈技巧

一般来说，访谈的主持人需要有一定的专业能力，注意提问的方式与方法，知道如何让受访者表达更多，引导并能挖掘出深层次的原因。当然，访谈技巧并不是与生俱来的，而需要主持人的不断积累与实践。从过往的实践项目中，提炼出以下几点访谈技巧：

① 提问顺序从**整体到局部**　　⑤ 开放式提问要**避免过于开放**

② 像**聊天**一样交流　　⑥ **避免**使用**固定句式**提问

③ 受访者犹豫不决时给与**鼓励**　　⑦ 适时回应但**不打断受访者**

④ 观察受访者的**微表情与肢体语言**，适当时候进行追问　　⑧ 适当的调整问题的顺序

图 2-2-3　访谈技巧

如图 2-2-3 所示，问题的设计顺序要先抓大再抓小，从开放性问题入手慢慢收敛。主持人应该让受访者充分表达自己的观点，找到受访者最感兴趣和最有意愿表述的部分加以深入展开。这样能避免从一开始就锁定在局部问题上。

1. 像聊天一样交流指的是

● 提问时要用简洁易懂的字句，语言组织要自然一些，尽量让受访者在轻松的状态下表述；

● 适当进行眼神交流，可以在访谈中可以用受访者的昵称来称呼对方，拉近彼此的距离；

● 不要念稿，事前做好充分的准备；

● 语速不宜过快或者过慢，口齿要清晰，面带微笑。

2. 受访者犹豫不决时给与鼓励主要是指

● 鼓励受访者将最初的想法表达出来，不必碍于面子或者害怕得罪谁而含糊其辞。

避免使用固定句式提问则为我们的提问给出了较高要求：

● 换位思考一下，固定句式听多了会很无趣，很低调，会让受访者提不起兴趣进而失去耐心。我们可以这样做：在访谈前准备一张表格，在表格中列出你依次需要询问的内容，在访谈时由主持人介绍内容后，让用户对照着表格回忆和阐述事实。

3. 观察受访者的微表情与肢体语言，适当时候进行追问，适时回应，但不打断受访者，两条可以结合来看

● 优秀的主持人也是耐心的倾听者，需要时不时回应受访者。在受访者说话的时候，不应该插话，可以点点头，轻轻地给出接收信息的反馈。不必用户说什么都回应，注意节奏和频率，只要传达出"我正在认真倾听，也理解您的观点"即可。

● 当受访者说到一个很有趣的现象和观点时，主持人记录下了这个点，并在受访者说完后再次询问，不应该打断受访者而直接询问自己感兴趣的事情。这样会扰乱受访者的描述节奏，并且中断对方的思路。如果不小心打断了受访者，那么也要让其回到自由表述的状态。

4. 适当的调整问题的顺序

● 受访者在讨论一个问题时，很有可能涉及另一个排在后面的问题。这种情况下主持人可以灵活调整问题的顺序，按受访者的节奏来提问。这时也比较考验主持人的专业能力，既要对访谈的大纲了如指掌，也要对突发的情况有一定的掌控能力，确保访谈可以在轻松、自由、愉快的气氛中完成。

五、访谈记录

记录访谈的经过，有助于后期对访谈内容进行梳理分析。记录工作进一步细分，可以分为记录员记录和观摩人员记录。

1. 记录员记录

在访谈时，一般由记录员协助记录访谈过程。记录员可以在观摩室记录访谈内容，也可以在现场参与记录，但是建议其座位要稍稍远离被访者与主持人，以免干扰双方的交流。记

录内容以受访者提到的信息、观点、态度为主。

有时候，一次访谈可能会分上、下场进行。记录者可以将上半场中遗漏的问题，或者有待挖掘的问题记录下来，中场休息时及时向主持人反馈，那么在下半场，主持人就可以根据此进一步与受访者交流。

为避免遗漏重要的资料，记录人员除了手记以外，也可以利用录音、录像等方式记录访谈的全过程，这会为后期的数据整理提供很大的帮助。

2. 观摩人员记录

观摩一般由项目相关人员参与，如产品经理、设计人员、相关业务人员等。因为访谈是一个很好的直面用户的机会，通过观摩访谈，能够更好地去了解用户，了解用户如何使用你的产品，以及他们在使用过程中又怎么样的思考和反馈。观摩人员记录有助于自己在今后展开工作时有的放矢。

六、访谈整理与分析

1. 访谈内容的整理

访谈之后，要将录音、录像、记录文字进行统一的整理，这些将是分析的基础和依据。访谈主要经历以下几个过程：

（1）将纸质内容整理成 excel 表格，便于留档和进一步分析；

（2）标准化的访谈只需按顺序记录受访者的表述即可；

（3）开放式的访谈则需要分别记录问题以及受访者的表述，以免混淆。而关于表述，因为每个受访者会有不同的理解和想法，更会以不同的方式来阐述，因此需要精简提炼；

（4）以受访者为单位，分别进行访谈内容的整理。纵向的信息整理，有利于研究人员对受访者有更进一步的认识；

（5）以问题为单元，整理所有受访者的表述。横向的信息整理，可以帮助研究人员进行信息的统计、排序、分类等。

2. 访谈内容的分析

最后，要将整理出来的信息进行有序组织和规整。分组后的信息可以用统计、排序、总结、归纳等作用。

怎么分析访谈的内容，是需要用户研究人员自行把控的。一般情况下，需要先对信息进行分组，在逐渐清晰的信息中寻找更紧密的关系。例如，利用卡片发，可以进行优先级和信息分类；利用用户旅程图，可以梳理场景关系和流程发生的顺序等。

总之，分析的意义在于实现研究目的，不论哪种分析方法，只要能帮助设计和产品线骨干部门做出更好的决策，就是合适的办法。

第三节　用户画像

如图 2-3-1 所示，用户画像（Persona）是建立在对真实用户深刻理解，及高精准相关数据的概括之上，虚构的包含典型用户/客户特征的人物形象。用户画像虽然是虚构的形象，但每个用户画像所体现出来的细节特征描述应该是真实的，是建立在用户访谈、焦点小组、文化探寻，包括问卷调查等定性、定量研究手段收集的真实用户数据之上的。

举例来说，外卖 app 的用户画像是在 CBD 上班的白领。那么外卖 app 就会以午间在办公室叫外卖作为 app 的使用场景。

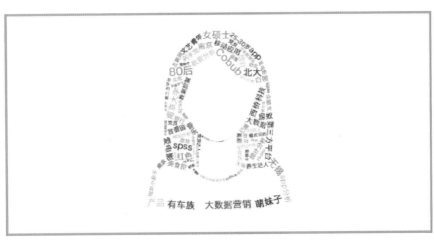

图 2-3-1　用户画像

一、用户画像的原理

一个成功的用户画像所包含的信息应该尽可能包含体现用户核心特征的细节描述。价值观、核心需求等信息固然重要，但有时也难免过于抽象，而生动的细节描述则可以让人物形象更具画面感，更容易形成同理心。例如，当我们看到这样的描述："Flora 的粉色 iPhone6 Plus 外包裹着一个 BlingBling 镶满钻的时尚手机壳"，我们的大脑会立刻开始还原这些用户的真实形象，并尝试融入角色，站在这个用户的角度思考问题。此时的用户画像才是具有价值的。

综上，用户画像是我们在做体验创新和设计的过程中非常重要的工具，它可以帮助我们形象地了解目标用户的行为特征，帮助我们判断用户需求。

二、用户画像的价值

用户画像的本质是一个用以沟通的工具，它帮助项目过程中的不同角色摆脱自己的思维模式，沉浸到目标用户角色中，站在用户的角度思考问题。那么，什么样的用户画像能带来价值呢？

还记得有一次某位高管跟我说，他认为用户画像没有意义，因为他觉得花了许多时间成本，但最后使用的时候，却带不来什么实际的意义。做完用户画像就结束了，只是产出几个庞大的PPT，之后就再也没有打开过或者使用过。确实我也曾经见过类似的报告，PPT有很多页，设计非常高大上，然而在使用的时候，却发现根本无从下手。这是因为其中定义的多个用户画像都围绕基本属性和社会属性展开。如果用户画像停留在表面上，那么使用时也会只停留在表面。

所以真正有意义有价值的用户画像应该是有血有肉的，并不仅仅停留在表面。一个有价值的用户画像，在产品设计的过程中至少可以产出以下六个要素，如下图所示。

图 2-3-2　用户画像的 6 要素

像是为电影拍摄一个镜头一样，要从用户、过程、目标三方面来思考，并结合六个要素来编辑。那么，究竟如何去挖掘出真正有血有肉的用户画像呢?

最重要的莫过于"问"的阶段。在这个阶段中，首先需要向大家介绍STAR的分析法。STAR是Situation、Target或者Task、Action、Result的缩写，即情景、目标、行动、结果的整合。

一个人过去的行为会预示未来的行为，所以我们需要尽可能地去了解他过去碰到情况时，如何处理，如何行动。在访谈过程中会谈及受访者以前遇到的一些事情，通过STAR分析法，来更深入地了解她的性格和内在想法。

例如，以换车为例子，我们可以尝试这样问受访者:

· 你什么时候开始考虑换车？

（S：**换车的背景**）

· 你换了车以后，最想满足什么样的需求？

（T：**换车的目标**）

· 你换车的整个过程是什么样的？

（A：**了解他行动的过程**）

· 你换车过程中，最好、最难忘的体验是哪些？

（A：**了解行动过程中他的一些心理活动**）

· 最后换车是否成功，换了什么车，为什么换那款车？

（R：**了解最终行为的结果**）

图 2-3-3　STAR 分析法的问话模式

通过类似这样的开放题，试着探索用户在意的地方，而且还能知道用户在遇到这些情况中的行为。这里的重点主要在于探究思想上的起因 S 和行为过程 A，通过深入分析关键行为，我们可以了解他是如何思考和如何解决这些情况的。

在这个过程中，我们会深入了解他的主要行为、心理过程等信息，从而了解这个人的内在。因此，在这个环节，研究者越多了解用户，后续提炼出来的用户画像就越有血有肉。

三、用户画像的构成

每个产品针对其特点不同在涉及用户画像时会有不同的目标，不同的目标会带来不同的结构。但是不管如何不同，还是有些部分是固定的。一个相对比较齐全的用户画像的构成有优先级、姓名、照片、语录、基本属性、行业信息、行为描述、用户目标或者用户故事、使用习惯、影响者和影响环境、差异提炼。除此之外，还有一些兴趣爱好、宗教信仰等。

图 2-3-4　用户画像的构成

1. 优先级

用户画像定义的角色通常情况是超过 1 个的。那么在这些画像角色中，哪个对于研究者的产品来说更为重要呢？因此，在用户画像中对最重要的角色进行定义，其实也就是对角色之于产品的重要程度和优先程度的定义。

2. 姓名和照片

这两部分显然是虚构出来的，建议适当的设置简单。最好是起一个简单的名字如"张三或李四"，当然，也可以用明星来代替你的画像。当每次谈论起这个人时，能够不约而同产生一种默契和认知，就是用户画像的最佳效果。

3. 差异提炼

用户画像中不同于其他角色的提炼性短语，应该非常简短地说出该画像的最大特征。

4. 语录

是指该用户画像最经典的语句提炼。它可能就是你访谈的某个典型用户所说过的真实话语。可以是用户在故事行为过程中，经历的最难忘、最痛苦、最深刻的情感表达，也可以是他非常渴望、非常需要的一项服务或者功能的描述。这个语录应该表达用户画像的真实情绪。

5. 基本属性、行业属性

用户显性属性的收集，而且这两项或多或少可以表现出该用户的生存条件。

6. 行为描述

针对某一个画像过去曾经或者目前正在进行的一项具体行为的描述，我们主要收集行为过程中的背景、动机、目标、行为、情绪、态度。该模块是最重要的模块之一，由此可以推断该用户画像的行为走向，在后期起到至关重要的作用。

7. 用户目标和用户故事

同样也是很重要的模块之一。受访者会描述一些产品使用或者服务体验中产生的痛点、爽点或者一些其他情绪。他们也会描述一些竞品和你的产品的对比体验，或者他们想要使用这个产品和服务达成的目标。

8. 使用习惯

用户画像对于产品操作时间段、操作地点或者操作载体的一些基本习惯的收集。拥有了这些元素的用户画像就可以为我们后期的产品设计或者其他方面做出很大贡献了。

四、用户画像的方法

用户画像基本上分为三种方法：定性、定性至定量、定量至定性。当然，产品的每个阶段面临着不同的用户，因此，通常要用不同的方法来做用户画像。本节主要讲述一下定性用户画像的方法。

图 2-3-5 用户画像方法

尼尔森关于可用性测试的经典理论"6~8 个人便可以找到产品 80% 以上的可用性问题"，其实也适用于定性用户画像研究。访谈能有新发现的极限人数是 15 人，超过 15 人基本上就是在浪费时间了。因此，定性用户画像的极限值为 15 人，最合适的人数为 8 人左右。

定性用户画像的步骤大致分为五个阶段：准备阶段、分析阶段、构建阶段、优先级排序、完善用户画像。

图 2-3-6 定性用户画像的五个阶段步骤

1. 准备阶段

准备阶段分为四个小的步骤：确定目标、确定访谈人群、确定方法、确定问题。

图 2-3-7 准备阶段的 4 个步骤

（1）对于整个项目要有一个大致的目标，这个目标包含设计用户画像的大致范围，例如针对的产品或者服务，或者是一个产品的最初设想等。这个非常重要，会影响用户画像的最终结论。

（2）当目标确定完之后，就要确定需要访谈的人群。人群筛选和确定目标是息息相关的。这个时候，可以通过一个官方的调查报告，或者公司其他部门收集到的比较明确的目标消费人群的分析进行人群的筛选。如果上述所说的这些都没有的话，只能从访谈中尽量挑选更多不同类型的人来进行尝试了。当然前期也可以通过一个简单的问卷，尽可能缩小人群筛选的范围。

（3）方法是多种的，关键是找到最适合的那种。定性访谈可以选择的方式有很多，可以面对面或者电话访谈，也可以让受访者当场使用目标产品或者服务来进行观察。如果需要更深入了解的话，也可以对用户进行一整天的生活观察。

（4）确定的问题大致分为以下几个部门：基本属性、行为属性、心理属性。如果时间宽裕的前提下，可以多聊一下超出范围的问题，这样可以更好地了解受访者的兴趣和性格。无论怎样，一定要把问题做细，准备充分。这样可以避免遗漏而导致重新回访。

2. 分析阶段

分析阶段是用户画像最难的一部分。分析阶段分为很多种，但无论是哪种方法，都需要收集、整理、切分、提取、分析这几步。

图 2-3-8　分析阶段的 4 个步骤

（1）收集信息。按照之前筛选的人群范围开始访谈邀约，接着再按照既定的方法和整理的问题，开始访谈阶段。正式开始之前，我们会首先准备一份比较简易的问卷，由受访者自己填写或者由工作人员问答方式代为填写，完成问卷上的一些封闭式选择题。这个过程以收集基础属性和社会属性为主，为了避免一些敏感性问题用户不愿意作答，尽量把问卷做成封闭式的选择题。行为属性和心理属性是无法通过封闭式选择获得的，因此需要很多技巧性的引导。START 方法和 5W2H 模式结合的方式可以帮助你收获更多细节。但是在这个过程中，尽量多问少插嘴，让受访者充分表达自己的想法。

5W2H 中的 5W 是指 What，Why，Who，Where，When；2H 是指 How，How much。当受访者说起一件事的时候，尽量让他回忆：

What——做了什么？目的是什么？

Why——为什么？为什么要这么做？理由何在？原因是什么？

Who——谁来完成？谁参与的？

Where——在哪里做？从哪里入手？

When——什么时间完成？什么时机最佳？

How——怎么做？运用了什么方法？

How much——花了多少费用？花了多少精力？节省了多少？

当然，START 方法或者 5W2H 模式或者 START 方法和 5W2H 模式结合的方式都只是让受访者说一些关于事情的来龙去脉和更深层次的心理活动。但是如果用户很健谈，就不必多此一举了，让用户尽情述说就可以了。

（2）访谈结束，就需要进行资料的整理，整理得越清晰，后面的提取和切分就越方便，因此需要把用户说的和你所看到的、感受到的记录下来。当然，细节的整理也不要错过。

（3）完成以上这些信息的整理、切分、提取后，就要开始分析。推荐几个比较实用简单的方法：四象限法、三维立体分析法、亲和图法。

3. 构建阶段

分析完成之后就进入构建阶段。对分析阶段中发现的一些规律进行基本的梳理之后，产出一个最初和最基本的用户画像，也就是雏形的画像，这个雏形画像拥有用户画像中很多的关键信息，但与最终用户画像相比欠缺更为细致的社会属性和心理属性的描述。

4. 优先级排序

优先级排序是为了考察所设计的用户画像在实际运用中的重要度做准备的。与此同时，可以通过对于公司具体的运营策略或者目前的现状来进行用户画像的筛选，删减一下目前没法满足或者不具有代表性的画像，而挑选出一类最难满足的用户画像作为优先对象。原因是你满足了这个画像，你或许就满足了其他画像大部分的需求。

5. 完善画像

最后，进入完善画像的阶段。在这个阶段中，我们将之前的基本属性和社会属性进行结合，并且增加一些访谈中具有显著代表性的叙述和情节的描述，来丰满整个画像，添加整个画像的性格特征甚至价值观。至此，一个完整的画像就完成了。

6. 注意误区

●误区一：用户画像不需要验证。

用户画像的准确性是十分重要的，因此其验证环节也是十分必要的。而验证对于用户画像来说包括两种类型：事中验证和事后验证。

事中验证：是在用户画像过程中，基本完成画像后进行的。因为用户画像设计尚未提交，所以这种验证方法是无害的。但其缺点为验证是局部的。

事中验证的两个重要方法：抽样验证法：从画像所描述的一些典型人群中挑选一部分用户来进行随机抽样；交叉验证法：可以反过来查找一些外部的公开报告或者内部定量分析数据，进行验证对比。

事后验证：是一种比较有效的验证方法。它通过用户画像应用之后所产出的产品设计来进行倒推式验证。缺点在于，如果画像有方向性错误，那么会导致浪费大量的人力。事后验证目前比较推荐的一种方法是：MVP用户画像（一种最小可行性的产品快速迭代优化）的方法。以MVP的形式，先用简单方法产生一个最小可用的用户画像，不要一开始就定那么细，定量收集后可以直接挑选一些样本进行访谈。完成之后其进行画像的验证和下一步的计划。

●误区二：用户画像是一成不变的。

产品的阶段分为启动器、成长期、成熟期、衰退期。由于产品每个阶段面临着不同的挑战，同样也会面临不同的群体，因此，产品的状态发生变化的时候，你所面临的用户群体也会发生变化。此时用户画像中用户的想法、用户发生行为的目的都会发生变化。

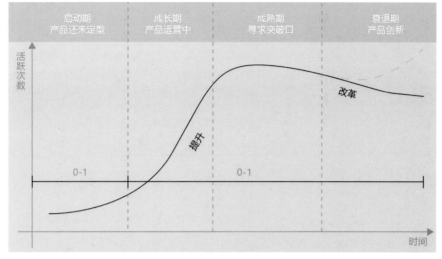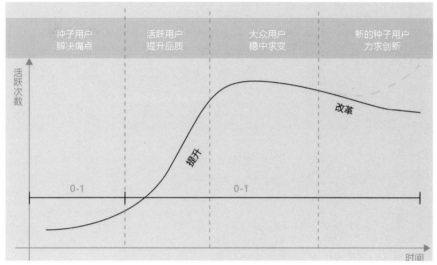

图 2-3-9　产品阶段对应用户画像阶段

因此，我们要时时关注产品的变化，同时也要随时进行用户画像的调整和优化。

●误区三：用户画像昨晚就大功告成了。

有的项目用户画像产品 100 多页 PPT，却丝毫没有在项目中起到任何作用。用户画像非常遗憾地搁置在那里，其实，在用户画像产出之前，就应该经后期希望得到的效果和起到的作用做一个基本的预估。只有在这样的情况下，才不会产出一份庞大的用户画像之后，却无法使用。

●误区四：用户画像是一份保密文件。

用户画像的作用之一就是让项目组所有参与人员都比较熟悉，这样不仅能统一基本认知，还能成为沟通的基本语言。保密行为不仅不能将用户画像的作用发挥出来，更是一种非常大的浪费。

●误区五：用户画像没有进行优先级排序。

思考一下：以下四个象限中，你会以哪个象限作为优先级排序的首选？

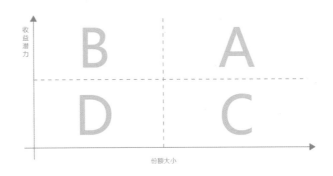

图 2-3-10 用户画像的优先级四象限

答案一：很多人会使用人数据多的人群来作为用户画像优先级排序的依据。他们会选择 A。

答案二：也有很多人认为对于公司来说收益是最重要的维度，因此他们觉得 B 最优先考虑。

然而若以一些小白用户作为研究对象，或许我们会有意想不到的收获。在某种程度上说，太过于熟悉产品的用户，会陷入自身思考惯性，用时反而无法从他们身上获取更多机会点和痛点。因此研究小白用户，有时候会起到非常大的优化作用。

第四节　卡片分类法

从根本上来说，卡片分类是一种信息构建的方式。卡片分类法是一种非常简单的技术，就是用户根据自己的理解把卡片上的信息进行归类，属于用户体验设计的方法之一。

意向图

卡片分类法来源于 George Kelly 的人格构念理论。该理论的信念是基于以下来建构的：不同人对世界的划分是不同的，有足够多的共性来让我们了解彼此，也有足够多的区别来让我们变得个性。该理论认为，个人在其生活中经由对环境中人、事、物的认识、期望、评价、思维所形成的观念称为个人构念，每个人的生活经验不同，个人构念自然也因人而异，因此个人构念就代表他的人格特征。以父母体罚孩子为例，对父母而言，体罚可矫正偏差行为，有益孩子成长；对孩子而言，父母的体罚只好无奈地接受；对社会工作者而言，父母体罚孩子是对儿童虐待。这现象说明了不同的人有不同的个人构念。

目前，在互联网行业，卡片分类的应用范围集中在网站导航的设计与改版、电商网站物品分类、软件菜单的设计三大类。以上三大类范围的共同特点：具有信息的核心入口，信息量大，信息种类繁多。其目的在于改善信息的分类或组织，让用户能快速找到自己所需的信息，降低用户学习成本，提升产品的使用体验。

一、准备阶段

1. 卡片准备

● 根据项目参与成员的不同，卡片数量也可以不同。比如小孩 VS 成人，对于小孩，注意力、理解力和精力有限，卡片不宜过多，以免出现完成不了任务的情况；对于成人，相对较好。

● 一般控制在30~100张。小于30张，用户很容易完成，但也许不能体现分类；大于100张，用户会累，而且不易记住分类内容，耗时较多，随着用户完成任务动机的提高会影响完成效率。

● 可选取名片打印纸打印卡片，也可裁剪偏硬的纸张，手写卡片内容。

2. 设计卡片内容

卡片内容要具有易懂性

● 选择用户能够理解的内容。如：网络传输，有用户不明白网络传输和蓝牙传输的区别，认为蓝牙传输也是网络传输。

● 内容不具有歧义或误导性。如：大数据量操作，用户不清楚是指批量操作很多数据还是指对大数据的量化操作。

卡片内容要具有可行性

● 选择能够进行归纳的内容。如："wifi，浏览器，通讯录，视频通话，手机壳"中，前四个明显属于手机的功能，最后一个手机壳属于手机的附属物。

卡片内容要具有条理性

● 内容在同一层级上，避免包含关系。如："手机多媒体，音乐，图库，视频"中，后面三个内容都包含在手机多媒体中，此时不应该同时出现来让用户分类。

● 内容和功能任选其一，不能都选。如："手机尺寸，开关机"中，前者属于内容，后者属于功能。

3. 招募用户

可用性专家 Nielsen 认为大多数可用性研究，5 个人就可以达到 0.75 的（参与者的实验结果与最终结果）相关度，他推荐卡片分类的用户数只要 15 人左右即可达到 0.9 的相关度。

图片来自：Jakob Nielsen，2004

一般情况下，每一类用户找 15-20 名，可以发现大部分问题；若想对不同类型人员进行对比，则每一类人员中都需要有足够多的人员。

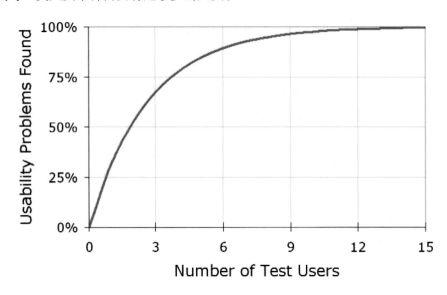

二、开始分类

第一步：活动介绍

分发卡片前，清晰地介绍活动，给用户足够多的背景信息，让其明白卡片是关于什么的。

第二步：分发卡片

尽量将卡片分散放在桌子上，鼓励用户先看看这些卡片（因为大多数人都不会根据后面看到的卡片来回头重新组织内容），而不是上来就划分。

第三步：不同类别的分类

开放式分类时，先不要告诉用户需要进行标签命名，等到分类结束后再告知，否则用户一开始就会琢磨标签命名，而不是考虑如何分组；闭合式分类可以将标签摆在桌面上。

（2）用户进行分类中

● 关注用户分类过程，仔细聆听用户的出声思维并记录，保持中立态度；

● 尽量让用户在没有压力的情况下完成任务；

● 如果用户对卡片内容不理解，主持应给予解释，但不可以引导用户分类；

● 当看到用户对某个卡片犹豫不决时，要立刻询问原因并记录下来。

三、分类后访谈

访谈相关注意事项、原则详见第二节，下面呈现的是客片分类访谈后可能涉及的问题：

● 对类别如何命名？

● 为什么会这么分类，根据什么来分类？

● 类别中哪些卡片是最有代表性的？

● 哪些分类困难？为什么？哪些分类容易？为什么？

● 小组讨论中有哪些观点？

● 对整体分类的结果是否满意？有什么不满意的地方？

● ……

第五节　协同设计

过去，研究者和设计师通过用户访谈、焦点小组等方法转译用户对于服务、产品、体验的需求，来获知设计的方向。现在，研究者和设计师可以通过协同设计工具（以下简称工具）直接激发用户的创造力，引导他们创造新的服务、产品或体验解决方案。

一、协同设计的定义

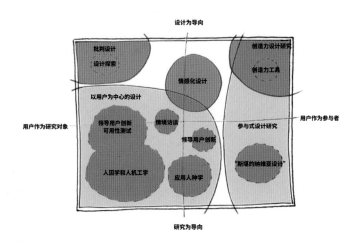

图 2-5-1　产品设计与服务设计研究领域所进行的以用户为中心的设计研究 Sanders E.B-N 绘制

如图 2-5-1 所示，为 Sanders E.B-N 绘制的四象限坐标图，它描述产品设计与服务设计研究领域所进行的以人为本的所有设计研究。其中协同设计研究被定义在第一象限：以用户作为参与者的，以设计为导向的设计创造力研究（Generative design research）。SandersE.B-N 认为，以任何方式收集 2 个或以上人提供的创造力的过程都可称作是协同设计，是研究者与协同设计参与者（以下简称参与者）共同创新的过程。

二、参与者、研究者、工具的关系

Curedale R. 认为，协同设计是以人为中心的，通过工具构建与行动的，具有创建性、尝试性的过程。协同设计有三个要素：参与者、研究者、工具。

协同设计参与者：使用工具参与到协同设计过程中，在研究者的引导下根据其作为用户的认知与生活经验提供创造力，为产品、服务、体验设计提供解决方案。

协同设计研究者：引导协同设计过程的同时，还要制作与改进工具。有时，研究者与设计师的角色是同一人或同一组人。

协同设计工具：研究者与参与者的链接，它激发参与者的创造力，再把蕴含创造力的信息传递给研究者。

综上所述，经典的协同设计理论关注参与者的潜力、工具的传达效能、研究者的助推。

三、工作坊设计

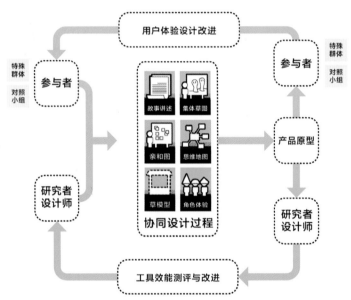

图 2-5-2　协同设计工作坊流程设计：用户体验的提升与工具的改进

如图 2-5-2 所示，工作坊目标为：获得用户体验解决方案、测评并优化工具。工作坊的产品结果是用户体验解决方案，即产品原型。与此同时，通过协同设计过程中所收集数据，可对工具效能进行测评与优化。产品原型的用户体验在工作坊结束后可被评价，工具的改进效果也可以通过下一轮工作坊进行测评，是一个可部分"迭代"的系统设计。

四、协同设计参与者

表 1　特殊人群参与者与对照组参与者的工作坊信

工作坊	APP 命题	参与者人数	参与者说明	年份	持续时间
工作坊 01（实验组）	为老人而设计	21	延吉养老院、祝桥养老院收住老人（68-91 岁）	2015	3 天
工作坊 02（实验组）	为儿童而设计	9	延吉社区暑期儿童兴趣班成员（6-10 岁）	2016	1 天
工作坊 03（对照组）	为女性而设计	36	2015 级志愿者（17-20 岁，非设计专业）	2015	5 天
工作坊 04（对照组）	为男性而设计	11	2014 级志愿者（18-21 岁，非设计专业）	2016	5 天

如表 1 所示，工作坊 01、02 为实验组，其参与者为 2 类特殊人群：老人、儿童。

在本研究中，老人定义为已经或正在受老年化（ageing）影响的人。这些影响包括：生物性老年化，即视力、听力减退，肌肉萎缩，皮肤松弛，脂肪堆积，心血管机能减退等；心理性老年化，即学习、记忆与认知能力减退，甚至是老年性痴呆；社会性老年化，即丧失关注、学习新事物的技能，甚至被认为丧失劳动能力与部分生活能力。

儿童的定义为，已度过幼儿期，仍未进入青少年期之前的人。在这个阶段，大部分儿童的学习、记忆与认知能力还未达到成人的平均水平。

工作坊 03、04 为对照组，参与者为学校招募的志愿者，大部分在训志愿者在训练后可无障碍使用所有 6 种工具。

五、工具

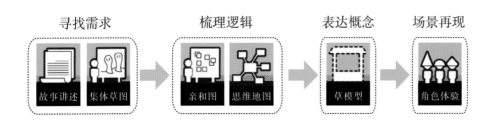

图 2-5-3（a）　工作坊所用工具及其功能，作者绘制

协同设计工具（Co-Design tools）大部分源自服务设计理论和用户体验设计理论体系。如图 2-5-3（a）所示，工作坊筛选出 6 种工具，将它们分为 4 个阶段使用：寻找需求、梳理逻辑、表达概念、场景再现。

图 2-5-3（b） 工作坊 02 集体绘画：我暑假的时候用这样的手机作者拍摄

A. 集体草图（Groupsketching）：如图 2-5-3（b），集体草图是快速而有效的工具，在解释思想的同时发展思想。在协同设计中，使用它共享并挖掘团队的洞察力。集体草图可用来勾画参与者对产品及其体验的愿景。

B. 故事讲述（Storytelling）：在 QuesenberyW 的用户体验故事讲述理论体系中，讲故事不仅仅作为一种洞察手段，它还可以将自身融入用户体验中，甚至成为品牌的一部分。故事讲述的有效信息大多是用户对于生活体验的理解及其与产品之间的链接。

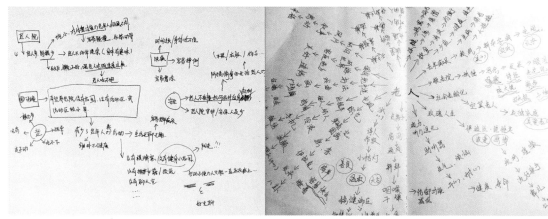

图 2-5-4 工作坊 01 思维地图：我是这样的老人（作者拍摄）

C. 思维地图（Mindmap）：如图 2-5-4，思维导图是将思想视觉化并寻找其中逻辑联系的工具。整个思维地图先将一个问题或一个想法置于思考的中心。然后用标志、线条、文字和图画来围绕起点建立思维体系，一个想法或多个想法为中心的思维地图。

D. 亲和图（Affinity diagram）：通过统计提高思考效率的方式，亲和图将大量的数据进行相关性分类，最后找到具有相关性的信息组。使用便利贴就可以迅速展开这一思考模式。

E. 草模型（Rough prototype）：比较原始的原型模式，在本书的前文有叙述。它可以是纸质的，甚至是便利贴粘贴而成的，还可以是 PPT 制作的。把这个工具交给参与者，在模拟使用的过程中观察，在使用后沟通，获得关于用户体验的信息并梳理。

图 2-5-5　工作坊 04 角色体验：女职场新人的一天作者拍摄

F. 角色体验（Roleplay）：如图 2-5-5，参与者或设计师、研究者模拟服务体验，并针对一些功能进行一些潜在条件的改变，进行服务情节的多次演练，或是交换角色演练。

1. 工具效能测评方法

工具效能测评的两个测评数据分别为适应度、反馈度，两个评分量表都根据李克特量表（Likert scale）设计，满分为 5 分。适应度由参与者对工具进行评分，旨在获取参与者使用工具的舒适度、学习难易度。

表 2　参与者对工具的适应度评分量表

1 分	这个工具太差了，不知道什么意思
2 分	这个工具差，不太知道什么意思
3 分	这个工具不好不坏，有时可以表达我的意思
4 分	这个工具一般，能表达我的意思
5 分	这个工具很好用，能准确表达我的意思

反馈度则由研究者对工具进行评分，旨在获取研究者使用工具后获取有效信息的数量与质量。

表3 研究者对工具反馈度的评分量表

1分	这个工具完全不能用，参与者不能理解或者配合
2分	这个工具非常不好用，参与者很难理解或配合，得到的数据、信息很少
3分	这个工具不好不坏，一部分参与者可以配合，但得到的数据、信息有限
4分	这个工具挺好用，大部分参与者都可以配合，得到的数据、信息很有用
5分	这个工具很好用，几乎所有参与者可以配合，得到了有质量与数量的数据、信息

最终的工具测评将根据2个数据的分别展开，并分析其原因。

2. 协同设计的工具调教

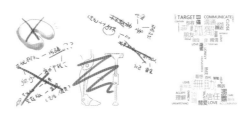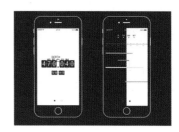

图2-5-6 APP《归》的部分界面与概念草图

工作坊01最终制作出APP原型3个，分别是《长者电话》、《父母追踪》和《归》。《归》的POP原型，即可在手机中通过触屏测试的原型，非常接近产品最终形态。在工作坊01结束后，研究者邀请20名年龄为19-41岁的志愿者参加试用，之后参与10项问题构成的满意度测评。测评满分5分，该APP平均得分为4.1。

《归》并非给老人或其家属提供具体服务，而是不断通过APP的声音、图像、通知栏提醒用户生命有限，不论是家中老人还是宠物、子女，终究会有时间或空间上的离别。也许，不要草率地对待自己的每天，以及与家人共度的每一刻才是最好的解除焦虑，防止遗憾的办法。工作坊02最终制作出APP原型1个，工作坊03、04分别制作出APP原型2个。

表3 协同设计工具分组效能评分量表

	故事讲述	集体草图	思维地图	亲和图	草模型	角色体验
			老年			
适应度	3.7	0	3.3	2.9	2.0	0
反馈度	2.8	0	2.1	3.2	1.9	0
			儿童			
适应度	2.9	3.1	2.7	0	3.8	0
反馈度	2.8	2.6	2.9	0	2.9	0
			对照			
适应度	3.7	3.1	3.9	4.1	3.8	3.6
反馈度	3.5	2.8	4.0	3.9	3.5	3.8

如表 3 所示，工具效能评分量表数据分析如下：

儿童参与者（以下简称儿童）适应度最高的工具是草模型，因为其使用过程类似使用玩具"过家家"，遗憾的是，由于儿童语言表达能力未达成人水平，草模型反馈度有限。儿童适应度较高的工具是集体草图，但由于部分儿童绘制了题目之外的内容，导致反馈度评分只有 2.6。儿童适应度极低的工具是故事讲述和思维地图，这是由于儿童的故事往往逻辑跳跃，甚至逻辑错误，无法形成拥有逻辑链的信息。相反，思维地图由于仅仅是简单的词句，通过研究者解读与补充，思维地图的反馈度评分反而高于儿童适应度；儿童适应度为 0 的工具是角色体验、亲和图，这是由于半数以上儿童无法理解这 2 个工具的使用方式。总的来说，儿童表现出较强的具象理解能力，较弱的逻辑思维能力。以具象形式呈现的工具是适合儿童的工具。

老人参与者（以下简称老人）适应度最高的工具是故事讲述，但由于讲述无用信息较多，反馈度低，产生了 1.1 的高偏差数值。老人适应度较高的工具是思维地图，但需研究者执笔代写，究其原因与文盲率高、书写能力退化有关。老人适应度较高的工具还有亲和图。通过研究者解读与补充，亲和图反馈度评分反而高于老人的适应度。老人适应度极低的工具是草模型，部分老人拒绝使用"纸做的玩具"。老人适应度为 0 的工具是角色体验与集体草图，几乎所有老人拒绝参与肢体表演、集体草图。总的来说，老人表现出较强的语言描述能力、较弱的逻辑思维能力。以语言为载体或是以语言转译成纸面呈现的工具，都是适合老人的工具。

不论儿童还是老人，他们使用工具的效能都低于对照组，这是由于老人、儿童的认知能力与普通成年人之间的差距造成的。

六、协同设计的可行性

其一，工作坊实践证明，通过特殊人群参与的协同设计，可获得评测效果良好的针对特殊人群用户的体验解决方案，即 APP 原型。

其二，工作坊实践发现，工具效能的发挥有赖于参与者本身的认知模型，尤其是特殊人群，所以工具应依照参与者度身定做。按照这样的模式，工具不断地被使用与迭代，将使其效能螺旋上升。

其三，在过去，对于服务设计、体验设计的理解更多倾向于产品侧，即产品在特定场景、时间所发挥的功能。然而，在体验本身更加被人们所重视的今天，一次服务、一种经历可能会成为某个单独个体或是社会群体的宝贵情感体验。未来，以体验引导情感可能是用户体验设计更重要的使命之一。

回溯前辈们的研究，从产品创新，到体验创新与服务创新，研究者与设计师们一直在更新着对设计的定义，但不变的是对创造力和解决方案的渴求，及对工具、方法论的反复打磨。研究者与设计师持续探索着，激发创造力的各种方法。换言之，他们还在尝试着用各种方法解决着人类生活中一个个实实在在的问题。

本章小结

　　本章主要讲述的是以用户为核心的研究方法。在本章所介绍的 5 种不同的研究方法中又包含了很多研究用户，洞察用户心思的小诀窍，是用户体验设计的"识人"环节。

　　问卷调查是基于逻辑框架的调查方式，可以定性定量；而用户访谈则是可以通过访谈人员的技巧来了解更多用户内心的秘密；用户画像让我们能够调动自己的同理心，设身处地为用户着想，绘制出他们的生活图景；而卡片分类法则是一种直观的信息分类方式，让用户来帮我们做信息的归类。最后一种工具"协同设计"是一种比较新的研究方式，我们也在这部分探讨了它的可行性和一些工具使用中的问题。

第三章

以产品为本的原型测试

第一节 原型的定义

原型（Prototype）经常被翻译成"试制品"。然而，在用户体验设计领域，原型所扮演的角色与传统的试制品还有很大不同。在搜索引擎中输入 prototype 和 user experience，我们会看到如下图所示的图片，用以描述这个概念。我们会发现，原型定义的是在产品设计的过程中用来检测产品功能、用户体验的"试制品"。如下图所示，在搜索引擎中输入 app，prototype，user experience 所搜到的图片。

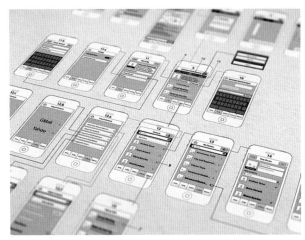
图 3-1-1 原型示例 1

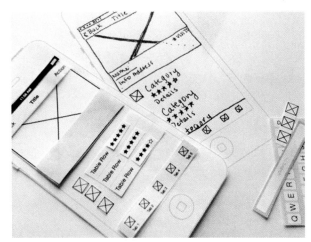
图 3-1-2 原型示例 2

图 3-1-3 原型示例 3

第二节 进一步定义原型

原型到底是什么？从前面建房子的例子来看，原型并不是指"已经搭建了框架的房子"，而是指那些用厚纸板或泡沫板做成的模型。原型并不是为了完成产品生成的中间产物，而是设计师用来检验设计是否合理的材料。无论是房子还是用户界面，如果等到真正施工时才发现错误，就为时已晚了。

图 3-2-1　用户体验与可用性测试

如图 3-2-1 用户体验与可用性测试所示，《用户体验与可用性测试》的作者樽本彻也认为，把 Prototype 翻译为"试制品"，还不如翻译为"试用品"更合适。试制品经常会被人们理解成"制作者试着做做看"的意思，而在以用户为中心的设计里，原型是为了"让用户试着用一下"才被制作出来的。

原型，是为了用户体验而制作的半成品，供用户或潜在用户试用，并反馈他们的感受、看法的工具。原型，是设计师与用户感性化沟通的媒介，用来反映用户体验的工具。如图 3-2-1 所示，原型这个沟通媒介与工具承担着迭代设计方案的责任：设计是使用原型展示对产品的预想，用户使用原型后对设计师进行反馈使用感受。原型被设计师进行一定程度的迭代，并最终影响到设计方案的呈现。

图 3-2-2　原型作为沟通媒介

如图 3-2-3 建筑图纸所示，在建筑设计领域，建筑师也时常会用设计图纸来表达自己的设计理念，并使用它来与委托方进行沟通；听取委托方的意见建议，并进一步进行修改，甚至对平面的建筑图纸进行"3D 化"。为正在设计中的建筑制作模型，进一步使用模型与设计委托方进行沟通，甚至是将模型沙盘用于建筑的商品化销售。

如图 3-2-4 建筑模型所示，对于这种行为我们很容易理解，当建筑一砖一石盖起来的时候，一切设计已经不可逆。然而在图纸阶段与模型阶段，一切都还有调整的余地。

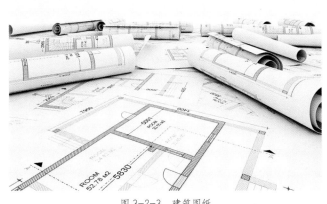

图 3-2-3 建筑图纸

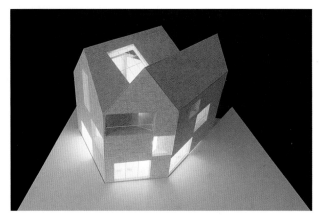

图 3-2-4 建筑模型

不得不说，设计师是一群懂得最小化可行产品快速验证建设，并根据结果不断调整设计方向的一群人。这种方式被称为"开发——测量——认知"反馈循环过程。在《精益创业》这本书中也反复强调了这种思维方式。事实上，与其说原型是一种工具，不如说，"原型"本身是一种原型思维方式，是为了体验设计而生的一种快速验证假设的思维方法。这种体验设计过程中的最小成本试错，造就了无数美好的体验。

图 3-2-5 宝马汽车泥模拍（摄于宝马博物馆）

如图 3-2-5 宝马汽车泥模所示，在汽车设计的领域，设计师也是使用泥模这样的载体作为"原型"，一刀刀进行雕刻，来表现出心中所想象的美学结果。然后一步步修改，让它成为在马路上飞驰的流线精美的车辆。

第三节　原型的类别

原型的目的是制作框架。是预先了解设计合理性与达成效果的方式，在还没有建立出自己的"城堡"之前，你就拥有了自己的城堡的木质框架，你可以预想怎样使用砖石和泥巴去填充它，最终，它会拥有和框架一样的外轮廓，然而砖石和泥巴却给了这栋建筑漂亮的色彩和肌理细节。UI 的细节就是砖石和泥巴塑造的色彩和肌理细节。而原型，就像是"木质框架"。

如图 3-3-1 所示，这是 workshop 在第一阶段的设计过程中，学生所制作的纸原型，是低保真原型的一种，在之后的章节将有详细叙述。

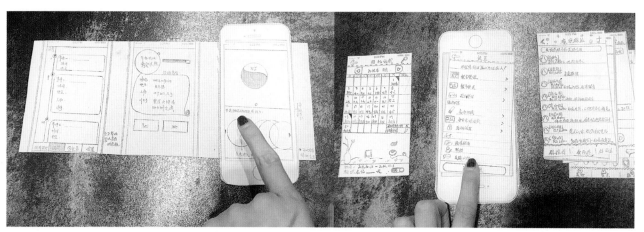

图 3-3-1　老龄用户 app 用户体验项目 Workshop 的低保真原型

如下图 3-3-2 所示，这是本课程学生所制作的高保真模型。

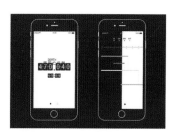

图 3-3-2　老龄用户 app 用户体验项目 Workshop 的高保真原型及草图

一、高保真和低保真

根据对实物界面忠实模仿程度（保真度）的不同，原型可划分为高保真 (High-fidelity) 和低保真 (Low-fidelity) 两类。具体的定义并没有那么容易，我们只能把保真度看作原型标准的两端，所有的对比都产生于同一项目内不同保真程度的原型。

制作高保真的原型会花费比低保真原型更多的时间和资金。但是原型本身的目的是为了弄清楚在使用过程中的体验，即使是低保真原型也要就需要了解的环节去更加精细地制作，以了解用户的真实感受。这时候"低"中有"高"保真原型就需要设计师的自由发挥了。

对于原型而言，最重要的且需要测试的部分，应该是高保真的。比如说，建筑师制作的房屋模型要能表现出平面空间的布局。工业设计师制作的汽车泥模也要能表现出汽车的体积和流线型。

如果是为了比较并讨论外形设计方案而制作原型，就必须制图工具使外形和实物基本一致。如果是为了检验功能的原型，就需要对交互的方式及反馈做出相关的步骤。

原型并不是整体都是简单甚至是简陋的，而是根据需要达到的不同目的，在满足最低需要的前提下以最少的资源来制作。如果能降低与测试无关部分的保真度，那么时间和成本就都可以节约了。这也是我们常说的"最小成本试错"。

以粗原型（Rough Prototype）为例，它就是一种非常常见的低保真原型。

制作网站的粗原型时，可以不使用任何装饰性的图形元素，只使用线条和文本链接。这种原型几乎可以说是保真度非常低的原型了。制作手机的粗原型时，我们也可以把它放在一些手机 app 上进行模拟，让它"跑"起来，直接用手机给用户试用。

只是草稿纸上用马克笔描绘的小线框，也可以让用户以线框加一些想象的方式去理解产品设计师的交互意图。

在 iOS 操作系统中可以下载应用 POP，只需要拍照就可以让至上的粗原型成为可以在手机中点按的"APP"，虽然本身只是能够跳转的页面，但可以让目标用户在极低成本的情况下体验交互的流程和最基本的用户体验。

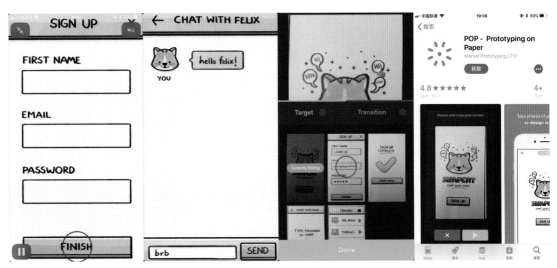

图 3-3-3　粗原型在 POP 中试用的效果

二、视觉稿

视觉稿（Mockup）就是高保真的静态设计图。视觉稿可以是草稿，也可以是终稿。视觉稿应该能够传达的信息有：信息框架，静态演示内容和功能。它的功用是：帮助团队成员以视觉的角度审阅项目。

图 3-3-4　视觉稿示例（https://ui8.net/products/heaven-mobile-app-ui-kit）

　　Mockup 也有实物模型的意思，所以时常在英文搜索引擎搜索 Mockup，所获得的是拥有
PC、手机模型的用户界面展示，也就是我们常说的"展示模板"。

　　视觉稿和线框图在给观看者的感受上完全不同，它看起来几乎就是一个用户界面的
"成品"。

图 3-3-5　展示模板示例（https://pinspiry.com/iphone-x-mockup-free-psd/）

三、T 原型

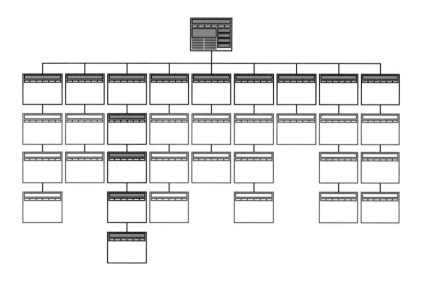

图 3-3-6　某网站架构图

如图 3-3-6 所示，当我们为一个架构复杂的网站原型的时候，即使制作的仅仅是一个"线框"也是巨大的工作量。当发现用户体验方面有所需要调整的，全部返工重来一遍，也需要花费时间和人力。

这里有个更好的解决方法，根据 T 原理：制作水平原型和垂直原型。

水平原型构成了"一"，垂直原型构成了"I"，二者拼合就成了 T 原型。

水平原型就是只需要制作首页和第一层做链接页面的原型。虽然用户可以看到首页里所有的菜单，并且可以自由地选择任何功能，但实际上用户并不能测试所有功能，这种原型也被称为浅式原型（Shallow Prototype）。

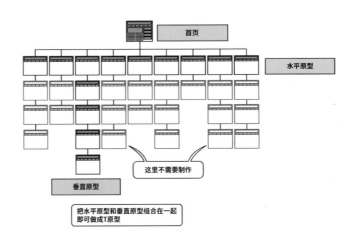

图 3-3-7　某网站的 T 原型

垂直原型是有针对测试单一功能的原型，这种原型也可以称为深式原型（Deep Prototype）。例如要测试如何注册一个购物网站并转发优惠券的交互方式就是一个深式原型。

如图 3-3-7 所示，如果只具备水平、垂直两种模型的其中之一，则与实际的用户体验相差很远。水平原型最多测试首页的菜单交互界面概况率，而采用垂直原型，用户只能测试单一功能。但如果合二为一，就能形成一个可以让用户试用的原型了。像这样广度和深度兼备的原型就是 T 原型。

第四节　原型的制作工具

工具，也许是原型制作过程中最不重要的事，选择最顺手的工具对设计师来说就是最好的工具。

一、纸

在这些工具中，最简便的就是纸了。不熟悉电脑操作的团队成员也能用纸直接参与原型的制作。另外，与拥有华丽外表的原型相比，用户更容易参与用户体验的测试。

图 3-4-1　来自 CHIPSA 的纸原型示例

如图 3-4-1 示例，在简略的纸原型外面套上一个铁质的 iPhone 壳，帮用户更好地想象交互的感受。（原图地址：https://dribbble.com/shots/974256-ironPhone-custom-made-sketch-preview-tool）

虽然可以画出这种纸质原型中的所有元素，但如果打印出一些界面的缩略图，制作一些类似选择框和下拉菜单的小工具的话，就可以让原型的制作更加有效率，甚至是使用便利贴。Dan Nessler 在他的 Medium 博客上展示了它对于原型和测试的理解，并写了《原型测试指南》，他认为纸原型是以用户为中心的设计过程中的早期的一种方法。

图 3-4-2　来自 aaronbrako 的纸原型示例

在纸质模型的测试中，让用户用手指点击链接和按钮，在每个项目中用铅笔直接写入数据。需要计算购物车里添加的商品总额时，可以直接使用计算器来计算。

大部分纸质原型外观上都不好看，因此有人担心是否能拿来做评测。然而，当真正进行测试时就会发现，用户是会用这种纸质界面的，只不过偶尔不知道该如何操作菜单，会出现操作错误，也会因为产品不具备某种功能表示不满。

二、软件

UI 设计师经常使用 Photoshop 等图形处理软件，那么就用 Photoshop。而 Adobe 也针对交互开发了新的图形软件 Xd（Experience Design），译成中文就是"体验设计"。

图 3-4-3　Adobe Xd 的新建文件页面

Xd 支持多种尺寸设备的交互设计，PC 与移动端都涵盖，共享、修改都很便捷，如图 3-4-4Xd 官网截图。关于 Adobe 最新的软件 Xd 可以查阅：https://www.adobe.com/products/xd.html. 目前 Xd 是免费软件，对于习惯使用 adobe 创意套装的用户，使用是非常简单的。

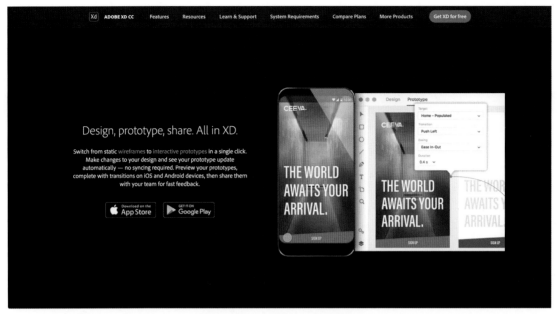

图 3-4-4　Adobe Xd 官网截图

甚至 PowerPoint、Keynote 这样的商务软件也可以用来制作原型。听起来有些惊人，但苹果就有公司专属的原型制作团队，他们流动在各个项目组之间，包揽所有的原型制作工作，包括动画和交互，他们的主要工具就是 Keynote。

视频 Prototyping:FakeItTillYouMakeIt。详述了这个小组如何工作，这个题目翻成中文也很有趣，《原型：在没做出来之前先做个模拟的》：

视频地址在 :https://developer.apple.com/videos/play/wwdc2014/223/

整个原型的制作过程分为三个部分，分别是静态图、动画效果、交互实践，这是团队在时间充裕条件下进行原型制作的步骤和方式。

A. 静态图

1. 先用画好的线框图或者直接在 keynote 里用色块布局

2. 添加图片、调整阴影等基本效果

3. 导出图片放进手机里

4. 根据用户反馈调整

B. 动画效果

1. 利用 Keynote 自带的物件动画

2. 活用 Keynote 最棒的"神奇移动"转场效果

3. 手机装上 keynote app 打开演示文档

4. 根据反馈调整效果

C. 交互事件

1. 调整图片尺寸导入 Xcode

2. 仅用针对图片的简单代码

3. 仅用简单的交互手势代码

三、口头

口头原型（Oral Prtotype）和以上提到的原型的目的不同。

图 3-4-5 《可用性工程》（*Usability Engineering*）封面

　　如图 3-4-5《可用性工程》封面所示，雅各布·尼尔森（Jakob Nielsen）在他 1993 年出版的《可能性工程》（*Usability Engineering*）一书中提及：

　　口头原型采用完全想象的方式，即实验人员向用户口头描述一个可能的界面，并且在用户一步步地执行任务实例的时候，提出一连串"如果（界面这样或那样），你将怎样"的问题。这种言语原型技术被人们称为未来剧情模拟，与其说它是一种原型，还不如说它是一种访谈或自由讨论方法。口头原型依旧是一种出色的工具。

　　原型的本质与所用工具的优劣没有关系。只要能够做出可达成设计团队目标的最低限度的界面，随便什么工具都可以拿来制作原型。

第五节　原型制作者

原型的完美与否其实并不重要。一般情况下，设计团队会委托界面设计师或程序员设计原型。一旦这些精心制作的原型在测试中被否定，制作完美的原型，只会让团队感到巨大的挫败感与浪费人力和时间。

早期原型中存在的问题数不胜数也是理所应当的。应该把精力集中在"如何解决"上。发现与解决可能是制作原型的初衷和最终目的。那么原型制作者究竟由谁来担当才是最合适的呢？

一、视觉设计师

设计师掌握的技能不一定适用于制作原型。绝大多数原型制作并不需要多高深的艺术素养或专业的程序设计技术。而深入理解用户需求，测试设计所需的逻辑能力，不局限于已有概念的发散思维能力，这些才是设计师更需要掌握的。视觉设计师更多所担任的任务是设计视觉设计稿（Mockup），它所传达的内容有：信息的框架，静态演示内容和功能。视觉设计师所提供的视觉稿可以帮助团队成员从视觉的角度来审视整个项目的用户体验设计。

二、前端开发

在原型制作的过程中，并不需要编程的技术，更不需要前端开发的介入，在这个阶段不一定需要程序员的参与。从理论上把界面的细节确定下来，在实际编写 HTML 代码、设计脚本时，才需要程序员的帮助。所以原型制作环节，前端开发几乎不需要参与。

三、交互设计师

交互设计师时常也被谑称为"线框仔"，这也从一个侧面说明了他们在原型制作阶段所要做的工作。交互设计师绘制线框式样的原型，帮助团队了解整体的设计方向和交互方式。然而"线框"只是工作的自然结果，其中更重要的是过程中的思考与博弈。

反复与产品负责人进行需求的争论；寻找商业和用户体验之间的平衡点；整理需求涉及所有需要承载的页面；梳理每个页面之间的逻辑与跳转；不同场景和异常情况下的状态呈现。这些全部思考清楚后才会去设计线框稿，之后还要进行评审，与视觉和开发共同讨论方案的可行性。所以，线框稿真的只是你们看到交互设计师工作中的"冰山一角"而已。

如图 3-5-1 线框图所示，不仅是页面的布局，关于功能、流程、交互逻辑的描述都应该在交互设计师绘制的原型图中出现。

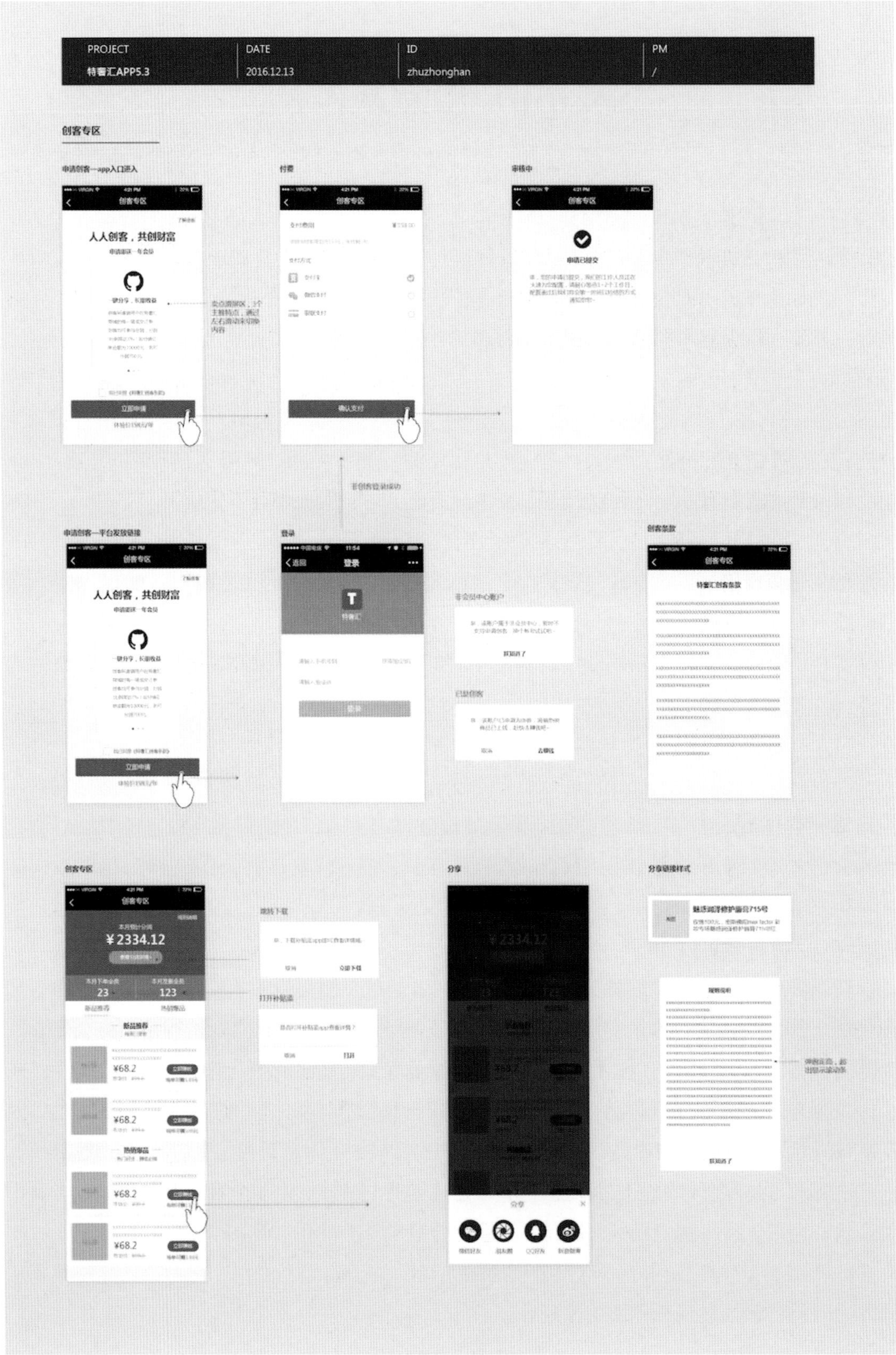
PROJECT
特奢汇APP5.3
DATE
2016.12.13
ID
zhuzhonghan
PM
/
创客专区
付费
审核中
人人创客，共创财富
立即申请
确认支付
申请已提交
登录
创客条款
人人创客，共创财富
立即申请
创客专区
¥2334.12
23
123
¥68.2
¥68.2
¥68.2
¥68.2
分享
分享链接样式

图 3-5-1 线框图

第六节　原型的逻辑本质

一、层次架构

原型除了规划用户体验中所触及的视觉部分，它的架构部分也是不如说它是种信息设计方法。而且，在实际的项目开发中，用户界面设计团队经常需要设计信息结构，因此，本书把卡片分类法作为制作原型的方法之一介绍给大家。

亚马逊网络书店把所有书籍按中文书、进口书、Kindle 电子书分成三类，而且，还细分了每个大类，比如中文书下有文学、少儿、科技等 13 个小类。这是一种逻辑简单的共识的分类方式。并不是只有网站才会有这样的层次结构，APP 的用户界面都有类似的层次结构。层次结构无需将所有的功能和信息呈现在用户面前，用户大概率会不知所措。

然而，在划分层次结构时往往会遇到问题，因为设计团队内部对分类并未达成一致。比如，网络书店里有关用户界面设计的书籍应该放在哪一分类下比较合适呢？计算机与互联网 / 网站设计与网页开发还是艺术 / 建筑 / 设计？

此时，卡片分类法 (Card Sorting) 就能大显身手了。虽说这是一种让用户对写有信息的卡片进行分类的"低技术含量"的方法，但对于深陷争论的设计团队来说，无异于给了他们一道光明。

二、卡片分类法

卡片分类法有封闭式 (Closed) 和开放式 (Open) 两种。封用式卡片分类法也称为"带有目录的片分类法"。分类名称已差不多决定了，想要评测它们的有效性，或者想研究具体素材会如何归类时，就可以使用封闭式卡片分类法了。

1. 封闭式卡片分类法的步骤

以公司网站为例。首先，将产品一览、公司简介等目录名称记录在带有颜色的卡片（或者便贴）里，贴在白板上。然后，把具体素材的名称和简介记录在白色的卡片里，接着把这些白色的卡片交给用户，请他们按自己的理解贴在对应的种类下面。此时，在用户贴卡片时，应该问他们为何要放在该种类下面。

如果不明白目录名称是什么意思，用户会马上提出来。如果某个目录下贴的都是与设计团队预想的完全不一样的素材，设计团队也会马上发现。另外，如果存在两个很难区分的种类，用户就会很困惑，不知道该把素材放在哪个目录下面。

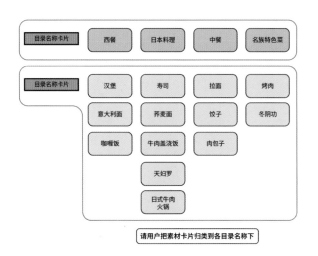

图 3-6-1 封闭式卡片分类法示意图

写有素材名称的卡片的移动轨迹也是非常重要的数据。如果分类名称差不多决定了，那么大部分的素材应该马上就可以找到自己的归属。但是，考虑半天也不知道该往哪个分类下放的，和那些放在某个分类下，但马上又觉得不合适，再移动到别的分类下的情况肯定时有发生。

如果直到最后都未能决定放在哪个分类下，说明很有可能现有的分类并不能覆盖所有信息种类。之所以改变分类归属，是因为本该相对独立的两个分类仍存在某种关联。

通过统计多个用户的分类结果，哪些卡片总是被放在同一个分类下，哪些卡片会被分散在多个分类下就一目了然了。接着，综合分析这些数据后，就可以尝试调整分类名，构造出多个分类是如何交叉链接到同一个素材的关系图了。

另外，上面虽然提到应该"在用户分类时提问"，但实际上，用户的动作一般都比较快，如果强行提问，经常会打断用户的操作。而且，对用户而言，如果被多次询问"为什么会觉得公司结构应该包含在公司信息这一分类里"这种问题，他们会觉得烦。这时，与其强行提问，还不如等用户操作结束后再提问。

2. 开放式卡片分类法

开放式卡片分类法也称为"不带目录的卡片分类法"。在还未确定目名称的状态下，请用户把写有素材名称的卡片自由分组。接着，在完成所有卡片的分类后，再请用户为每个组起名字。该分类法的目的就是通过这一连贯的操作，获取确切的与信息结构相关的灵感。

封闭式卡片分类法主要用于评测及改善设计团队的创意，与此相比，开放式卡片分类法更具有探索性。封闭式卡片分类法中，很容易得到量化的数据（比如，哪些卡片被分配到了什么分类下，分配了几次），但在开放式的卡片分类法中，不同的用户、分组方式及对组名的命名方式也不相同。开放式卡片分类法虽然以用户的言行等定性分析为中心，但也存在某种程度上的定量分析。

我们曾经在第二章第四节的卡片分类法，有提及卡片分类法作为工具供用户研究使用的方法。

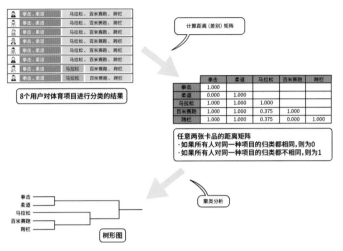

图 3-6-2　开放式卡片分类法示意图

本章小结

本章主要讲述的是以产品为核心的研究方法，即原型测试。本章中围绕原型展开关于原型的定义、原型的类别、原型制作工具、原型制作者等内容的讲述与讨论，最终直击原型的本质，是一种逻辑方式，分析事物的方法。

原型本身就是基于产品，从于过程，让设计师自己与用户、客户都更明白产品发展方向的"草图"；原型有高保真原型与低保真原型之分，视觉稿与 T 原型也是一种原型；制作原型可以使用纸张、软件，甚至是口头表达；原型的制作者可以是视觉设计师、前端开发、交互设计师。

最终，关于原型逻辑本质的讨论归于层次架构与卡片分类法。原型是一种思考方式，是一种逻辑组织架构。

第四章

用户体验设计
测试及分析

用户体验设计交互方案的完成，或交互设计的完成与交付，并不是设计流程的结束。从产品的角度来说，产品的不断迭代，是互联网时代用户对产品的要求。从商业角度来看，产品盈利模式的调试与适合，是商业的诉求。从用户角度来看，设计方案的合理性，用户的满意度，也需要不断调整与进化。

在交互设计完成之后，对于它的评估方法有很多种。如从图形用户界面的易用性角度来进行评估，就需要较为客观的，以人机交互系统效率为标准的评估方式；同样的易用性，如从用户与移动应用交互的流畅度为中心来评估，使用原型和用户直接交互，并记录用户的使用过程与感受也是一种方式；通过访谈对用户体验进行调查也是一种方式。但所有的移动应用图形用户界面评估的目的都是为了改进移动应用并使之迭代。在本章中，叙述了几种方式：可用性测试、A/B 测试、用户反馈与基于眼动仪的可用性评估、基于 POP 的测试。

用户   测试员

图 4-0 可用性测试

第一节　可用性测试

可用性测试是改善产品的方法之一。用一句话来定义：找几个用户来试试产品，知道产品好不好用，用户喜欢不喜欢。每一个交互设计师都应该至少掌握简易可用性测试的方法。

一、可用性测试的设计

在测试前，设计若干能反映出产品核心操作的任务。招募 5 名左右的用户，这些用户最好是真实用户。在测试中，仔细观察用户对于典型任务的操作情况，记录下发现的问题。在测试完成之后，对发现的问题进行分析，并找出最严重的问题。通过优化这些问题，提升用户体验。

1. 合理提出测试任务

例如，测试的功能是："一个收藏商品的功能是不是易于使用"。例如，把任务设计成"请你找到喜欢的商品,点击收藏按钮"，会使用户沦为实施流程的"工具"。如果将任务改成"有条裙子你很喜欢，以后还想再找到它，你会怎么做呢"则更合适一些，因为这样更贴近用户真实的使用情景。用户在实际使用产品时，考虑的是使用目标，而不是具体的操作和功能。因此，测试任务一定要反映出用户真实的使用目标，这样才能测试出产品的可能性。

图 4-1-1　可用性测试的流程

2. 选择最重要的测试

时间和资源都有限，如果测试任务过多，疲劳因素会导致用户希望快点结束测试而草草了事，所以测试过程应尽量控制在 1 小时之内。除去测试前的欢迎和说明工作，一般测试任务的时间为 30~50 分钟，选择 5~8 个功能点进行测试。设计的任务要以涵盖产品的核心操作为主。简易可用性测试时间则更短，可以更快地发现问题。

3. 符合正常的操作流程

测试的任务一般都不止一个，为了使用户感到自然，任务的顺序应该符合正常的操作流程。例如，在测试写视频网站时，测试任务设计为"登录—撰写标题—插入视频—发表视频—分享"就很符合逻辑。如果打乱正常顺序，会使用户感觉到突兀。

4. 选择有代表性的用户

例如，要测试一个游戏攻略的网站，不玩游戏的用户肯定是不合适的。如果要测试一个以女性用户为主的导购类网站，选择男性用户来进行测试，结果也不可能准确。邀请的用户应该尽可能地能够代表真实用户。

假如有充足的时间和精力，可以调用产品数据，获得用户资料，邀请符合目标用户的外部用户来进行测试。

5. 用户数量的控制

在用户数量的选择上，有调查表明，5 名左右的用户可以发现大约 85% 的问题。随着用户数量的增多，发现认识到新问题会逐渐减少。但前提是招募到的是有代表性的目标用户。否则，数量再多也可能发现不了问题，所以一般小的功能点，测试 3 ~ 5 名用户即可。新产品、较大的改版和重要功能，可以测试 5 ~ 10 名用户，如图 4-1-2 所示，为用户数量选择与发现可用性问题之间的数量关系。

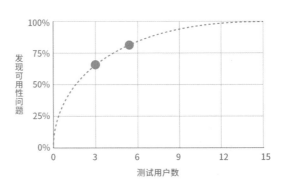

图 4-1-2 用户数量选择与发现可用性问题之间的数量关系

二、可用性测试的执行

在一切都准备就绪后，最重要的测试环节就要开始了。测试员尽量营造一种轻松自在的环境，保证测试可以自然地进行。告诉用户参与测试的目的，我们要测试的是产品的问题，而不是考验用户。鼓励用户大胆表述，不必为犯错产生顾虑。在测试过程中，还需要注意以下问题。

1. 避免引导性

可用性测试中最忌讳的就是引导性过强。测试员要做的只是默默地观察和记录。在测试过程中，在用户遇到困难时，可以适当鼓励，但不要提供帮助，不要尝试教用户怎样去操作，也不要提出带有明显喜好性的问题。

2. 关注操作行为

操作行为是最直接、具体和客观的用户反馈。用户的语言有可能带有欺骗性，这并不是因为用户故意撒谎，而是他们有可能会揣测测试员的喜好，给出他们期望的答案。真实的行为则不会骗人。所以测试者应该减少语言对用户的干扰，更多的去关注用户行为。

3. 关注用户反应

除了直接观察操作行为之外，用户在现场的一些细微反应也值得注意，比如表情、在操作过程中发出的声音和下意识的动作等，往往可以暴露出用户最真实的心态。如果在操作过程中，用户无意识地发出"咦？""哦……"的声音，就算他操作正确，也可能对产品存有疑问。

4. 考虑模拟场景

每种产品都有一定的使用场景。如果测试的是使用场景比较固定的 Web 端产品，只要找一间安静的房间就可以进行测试。在进行测试时，工作人员一般会描述真实的使用情况。如在优化购买彩票的网站时，为了测试网站的购彩流程是否快捷易用，测试员会描述"现在还有 3 分钟就要停止销售了，你要迅速地购买一张彩票"。在测试导购网站是否可以推荐好的商品时，测试员也可能会说"你的女朋友就快要过生日了，给她挑选一个合适的礼物吧"。

例如，测试的是移动端产品，我们就一定要考虑到移动场景的多样性。在为一款地图导航应用做测试时，用户是在吵闹的街头、摇晃的公交车、移动信号不稳定的地铁环境下使用产品的。我们最好能够走进真实环境，去测试产品。

5. 感谢被测用户

在测试结束后，测试员应该感谢被测用户的参与，在条件允许的情况下给予被测用户一定的酬劳。这一点也会在邀约用户时讲清楚。测试地点最好让人感到舒适自然。在放松的环境下，被测者更容易展示出真实的一面。

三、可用性测试的分析

在测试完成之后，把有用的问题快速整理出来。如果测试时进行了录音或是摄像，重看录像和重听录音也许可以发现更多问题。

分析可用性问题可以从问题频数、严重等级、优先级、违反的可用性准则四个维度。通过四个维度的分析与统计，再进一步对所收集的可用性问题进行定量和定性两个角度的解析。

1. 可用性问题的维度

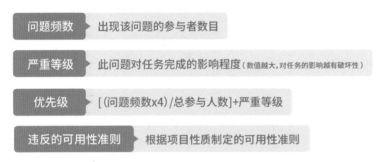

问题频数	出现该问题的参与者数目
严重等级	此问题对任务完成的影响程度（数值越大，对任务的影响越有破坏性）
优先级	[(问题频数x4)/总参与人数]+严重等级
违反的可用性准则	根据项目性质制定的可用性准则

图 4-1-3 分析可用性问题的几个角度

零散的结果不便于分析和比较，量化的标准可以帮助我们更加直观地分析结果。因此，整理问题时，可以按照问题频数、严重等级、优先级和违反的可用性准则这几项标准进行记录，如 4-1-4 所示，通过可用性原则，可以衡量出测试中暴露的问题违反了哪些可用性准则。

准则	描述
符合用户使用需求	产品所具有的功能须用来支持用户特定的需求易学性
易学性	对于新手或间歇性用户来说，要容易学会、理解和不易遗忘
一致性	减少在不同环境中因词语、结构、形式等的不同而导致用户不必要的思考和错误
易于辨识	在看到每个内容组织时能容易快速地定位到想要的内容
有效的反馈信息	在用户进行某个操作之后，须有相应的反馈通知用户系统已经完成操作或者操作失败
方便快捷	能使用户以最少的操作完成相应的任务，达到目的
预防出错	降低用户错误操作的可能性
容错性	允许用户进行尝试和出错，并出错的时对出错时对操作和系统不会造成破坏性影响，可以从错误中进行恢复
再认而不是再现	尽量让用户选择而不是回忆
符合认知习惯	不违背用户所认知的经验及认知习惯
用户自由控制权	出错时用户不需要做多余的动作，而直接有紧急出口，允许撤销和重复
帮助和说明	必要的帮助提示和说明

图 4-1-4 可用性问题的分类

2. 可用性问题的定量

为问题的严重性做一个排序，可以给项目组的成员做一个参考。如果时间有限，无法解决测试中的所有问题，可以优先解决严重且紧急的问题，如图4-1-5所示。

图4-1-5所示为一个可用性测试项目中的量化评估表，可以从中直观地看出测试暴露出的问题。

严重等级	描述	界定标准
1	不可用	用户不能以及不想使用产品的某个部分
2	严重	用户可能使用或尝试使用产品的某个部分，但是受到限制，或在解决问题时遇到很大的困难
3	中等	用户在大多数情况下均可以使用产品，但需要付出一定的努力去解决问题
4	轻微	问题仅仅偶尔出现，并可绕过，或问题来源于产品的外在环境，也可能仅仅是外观问题

图4-1-5　可用性测试量化评估表

3. 可用性问题的定性

为问题的严重性做一个排序，可以给项目组的成员做一个参考。如果时间有限，无法解决测试中的所有问题，可以优先解决严重且紧急的问题，如图4-1-6所示，按照可用性问题的严重程度进行排序。

编号	问题描述	优先级	违反的可用性准则	严重等级	问题频度
1	用户支付方式不方便导致无法支付意愿	7	方便快捷	4	3
2	活动内容不易识别	7	易学性	3	4
3	活动流程复杂	6	易学性	3	3
4	兑换成功页引导不符合用户期望	4	符合认知习惯	3	2
5	活动标题无详情页	3	预防出错	1	1

图4-1-6　可用性问题的量化

四、可用性测试的实施时间

可用性测试的门槛并非很高，不一定要等产品完全开发完毕才可以开始，不一定要由专业的用研人员来做，不一定需要专业的设备，也不需要循规蹈矩地完全按照流程去操作。在实际工作中，我并不推荐经常使用成本较高、正式的可用性测试，而是建议在设计过程中多次使用简易可用性测试的方法，毕竟能解决问题才是最重要的。

用户研究人员可以先对产品经理和交互设计师进行简易可用性测试的培训，让他们了解一些必要的注意事项。之后，就可以由他们自行完成简易可用性测试了，简易可用性测试非常简单。你可以测试竞品、纸面原型、低保真原型等，只要你有想了解的内容，只要你想知道用户对你现阶段的设计方案评价如何，都可以进行可用性测试。邀请不熟悉这个项目的同事或朋友，花上一小段时间，观察被测对象的操作过程，再进行简单的访谈，并记录下重点就可以了。

在产品早期进行改动，由于还没有涉及开发测试等环节，修改的代价也比较小。

在设计阶段进行简易的可用性测试，极大地节省了成本。当发现问题时，我们可以直接在原型中修改，不涉及任何前端、开发的改动。另外，面对粗糙的原型时，用户更愿意大胆评论。因为他们知道肯定要修改，而且修改成本不高。

不过，由于测试对象过于简陋，用户没法真正完成整个操作，测试的准确度会有所下降。因此，在设计初期进行的可用性测试，更加偏向于发现操作流程上的问题，一些设计的细节可能会测试不到。

所以，有条件的话，可以在设计过程中进行多次简易可用性测试。在设计已经非常完善的时候，使用高保真原型或在内测环境下再次进行较正式的可用性测试，发现细节层面的问题。

第二节　A/B测试

可用性测试是一种定性分析的方法，而 A/B 测试是一种定量分析的方法。定性分析样本量小，结果未必完全可靠，但可以了解到用户的想法；而定量分析虽然样本量大，结果较为客观，但我们很难直接通过数据了解到普后的原因。两种方法各有利弊。一般采用定性研究与定量研究相结合的方式。

通过可用性测试，我们可以直接观察到用户的实际使用情况，并通过访谈得到用户的想法，这对提升产品的易用性很有帮助。而 A/B 测试可以帮助我们了解到一些关键数据指标的情况，对检验是否达到产品的商业目标很有帮助。

顾名思义就是 A 方案和 B 方案的比较。为同一个目标设计 2 个方案。一部分用户使用 A 方案，一部分用户使用 B 方案。通过用户的使用情况，衡量哪个方案更优，如图 4-2-1 所示。

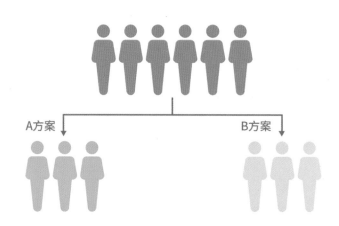

图 4-2-1　A / B 测试的用户分组

一、设定问题

在进行 A/B 测试之前，我们首先要为测试结果设定衡量标准。有了统一的标准，才能比较出方案的优劣。怎么选择标准呢？这就要根据产品情况灵活考量了（一般由产品经理根据产品要求来确定）。从产品目标的角度出发，可以以 PV，UV，点击量，转化率，跳出率，二次返回率等数据作为衡量标准。对于电子商务类网站，也可以考量下单数、支付数、支付金额等。要在测试前提前与开发工程师沟通，从产品日志中提取相关数据。

二、相同任务

如果用户在使用网站时，开始看到的是方案 A，10 分钟之后看到的又是方案 B，那他一定会被搞晕。A/B 测试需要保证同一个用户在测试期间，看到的都是同一个方案。即使看到不同的方案，对测试结果也没任何影响，但这会降低用户对网站的满意度。

三、同轨测试

这一周测试方案 A，下一周测试方案 B，这种测试方法带来的数据肯定不会准确。因为两个版本的环境变量太多。也许方案 A 更合理，但因为投放方案 B 的那一周网站在做促销活动，转化率反而远远超过方案 A。只有保证两个版本同时测试，才能保证数据的准确性。

四、单一变量

对于 A/B 测试来说，最好是保持单一变量。因为如果两个方案差异较大，变量之间会存在很多干扰，这样就很难通过 A/B 测试比较出各个变量对结果的影响程度。单一变量的 A/B 测试通常可以选取按钮、标题或说明的文案、产品页面上的图片、页面的结构布局或色彩风格等因素作为变量。

可用性测试和 A/B 测试一般是在上线前和预上线时对设计进行的检验。用户反馈和产品数据则是上线后，用户在真实环境下使用产品的情况，是更加实实在在的检验。用户反馈的所有问题和产品收集到的所有数据，都能真实地反映出整个方案的优劣。

第三节　用户反馈

一、收集数据

想要收集用户反馈并不复杂。对于线上的产品，可以在界面上放置一个"用户反馈"入口，让用户在遇到问题时，直接填写反馈信息。对于新产品以及重大的改版，可以通过电子邮件、首页链接等方式主动发放调查问卷，收集用户意见。如果你的产品有在线客服或是产品论坛等功能，也可以让客服把每天咨询最多的问题收集汇总给你，或是直接"潜伏"到论坛中看看用户的吐槽，获取第一手反馈资料。

对于移动应用来说，还有一个最方便简单的办法来收集用户反馈，那就是也应用市场。无论是苹果的 APP Store，还是安卓的 Google play，又或者是豌豆荚、应用助手等第三方应用市场，都可以找到大量的评分，评论信息。我们可以好好利用这些免费的平台来收集移动端的用户反馈。

总之，收集用户反馈的途径多种多样，设计师总会有办法找得到。关键是要把自己当作产品的主人，主动去获取。还要有足够的耐心和洞察力，从千千万万的反馈中发掘真正有价值的信息。

二、分析数据

无论是从网站的用户反馈系统中导出的内容，还是自各处收集到的反馈，都是零散、缺乏组织的。要将这些内容分类、整理，才能快速从中发现产品的问题。

我们可以从内容、功能、使用流程、设计、新功能建议和现有 Bug 等几个方面对问题进行归纳。有些问题是产品和运营的同时需要解决的，有些问题是开发工程师需要解决的。对于那些使用流程、易用性和视觉设计方面的问题，设计师们可以考虑一下，是否需要优化，如图 4-3-1 所示。

分类	问题反馈	反馈次数
内容	支持电影院较少	5
	支持城市较少	4
	收到推送消息过多	2
	预告片清晰度不够	1
	建议与豆瓣评分打通	2
功能	不支持招行支付	2
	不支持信用卡支付	2
	不能在线选座	1
使用流程	订单失效,但付款已扣除,怎么办	1
	如何退票、改票	3
	如何取票	1
	找不到位置筛选	1
	无法修改手机号	2
设计	界面颜色过深	1
	字体略小	2
Bug	点击影院闪退	1
	新版本无法评论	1
新功能建议	建议增加快捷支付	2
	建议增加余座显示	1
	建议添加影院收藏	1

图 4-3-1　数据分析

在对问题进行过滤整理之后，我们还需要对用户反馈进行分析处理，还需思考如何筛选有价值的反馈信息、用户反馈的问题是否要全盘接受、如何从反馈中探索出真实需求等问题。

第四节　基于眼动仪的可用性评估

基于眼动仪的可用性评估是比较新的基于仪器的可用性评估方式。眼动仪是用于追踪眼球运动轨迹的装置，是用于人类视觉系统、心理学、认知语言学和产品设计研究诸多领域的重要仪器。众多用于眼动追踪的技术中，最流行的方法是眼位视频图像提取技术，其他方法还有探测线圈和眼电图等。

眼动仪在用户完成与智能手机移动应用图形用户界面交互的过程中记录用户在任务完成过程中的眼动信息。数据包括注视的位置、顺序、时间等，并生成数据列表。通过分析数据，研究用户使用智能手机移动应用过程中的视觉加工规律，以了解图形用户界面的可用性。本测试中的原型，即名为SPPC的智能手机移动应用图形用户界面为自主开发的校园信息平台图形用户界面。

一、评估策略

1.兴趣区域策略

兴趣区域（Area of interest, AOI）：兴趣区域是眼动追踪技术时常使用的分析方法，其意在缩小分析范围，集中分析关键性眼动数据，以往该评估策略常用于互联网产品评估。以下文中提及所采集数据都是兴趣区内发生眼动的数据。兴趣区域根据智能手机触摸屏上可被触发区域与实验中的目标图标区域划定。

2.平行测试

平行测试（A/B Test），也被称作分隔测试（Split Test），是用户体验设计的研究方法之一，它通过实验证明一些对交互设计产品的修改对用户所产生的影响。在本研究中，每个测试环节针对一个变量，通过三个测试展现三个不同变量对智能手机移动应用图形用户界面可用性的影响。三个测试分别针对不同的视觉要素，分别为颜色、图标、布局。

测试1为相异色彩的可用性评估测试，兴趣区为"direct"触发区域。如图4-4-1所示，营造测试情境，使被测试者设想其需要使用一个智能移动应用的指南功能。测试任务为在有限的显示时间中找到"指南"图标。每个图形用户界面样本显示时间为5000毫秒。为本组评估所制作的图形用户界面样本1为蓝色，样本2为橘色。其测试目标是找出同样的色彩与图标，而不同的配色设计方案下，两个不同图形用户界面的可用性差异。

图 4-4-1　移动应用 "SPPC" 的图形用户界面色彩平行测试

测试 2 为相异图标的可用性评估测试，兴趣区为 "about" 触发区域。如图 4-4-2 所示，营造测试情境，使被测试者设想其正在使用三个功能、布局、色彩几乎一致，但具有不同图标设计的智能手机移动应用图形用户界面，任务为在有限的显示时间中找到 "关于" 图标。每个样本显示时间为 5000 毫秒。其测试目标是找出同样的布局与近似的色彩，不同的图标设计方案下，三个不同图形用户界面的可用性差异。

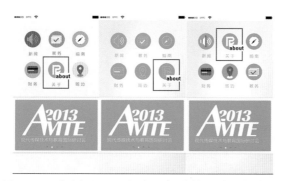

图 4-4-2　移动应用 "SPPC" 的图形用户界面图标平行测试图

测试 3 为相异布局的可用性评估：兴趣区为 "around" 触发区域。如图 4-4-3 所示，营造测试情境，使被测试者设想其正在使用三个不同用户图形界面但相同功能的智能手机移动应用，任务为在有限的显示时间中找到 "周边" 图标。每个样本显示时间为 5000 毫秒。其测试目标找出不同布局设计方案下，三个不同图形用户界面的可用性差异。为了避免色彩因素的影响全部使用了黑白色，且为防止位置近似布局样本连续播放干扰测试数据，将布局较为相似的样本 1、3 在测试顺序中间隔开来。

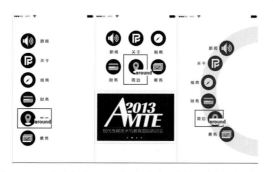

图 4-4-3　移动应用 "SPPC" 的图形用户界面布局平行测试图

三、评估过程

1. 采集数据及其意义

进入时间：指眼动轨迹首次达到兴趣区域所耗费的时间。首次进入时间数值偏小显示该区域获得了更多的注意。其是非常重要的可用性指标，这是因为用户在实际使用过程中如果不能在一定时间内寻找到触发其所需功能的区域，会造成用户对该此操作环节的失望情绪，以致放弃操作甚至是放弃该软件的使用。

进入次数：进入次数指的是眼球在 100~200 毫秒稳定在兴趣区域内所形成的点。总的注视点个数被认为是与搜索绩效相联系的指标。该数据数值偏大则说明搜索绩效高。

注视点：注视点指的是视线在某一位置停留 100 毫秒以上，一般认为这种停留是获取信息并进行内部加工的认知行为。而注视点个数则代表了人类在对图形界面认知过程中加工的次数。该数据数值偏大倾向于表现出被测试者对该区域的绝对注意力，但也可认为是某种程度的不解。在本研究中因不涉及复杂文本与图形，该数据数值偏大说明其兴趣区域获得更多的绝对注意力。

注视率：指的是在某兴趣区域注视时间与总注视时间的比率。如果一个具有重要交互功能的区域具有较低的兴趣区注视率，那么这个区域需要再次被修改，使它更容易被注意到。反之，高注视率则证明该区域获得了应有的注意。该数据偏大说明其兴趣区域获得了更多的相对注意力。

以上所提及数据均以兴趣区域作为数据采集阈限。

2. 测试仪器

本研究采用的眼动追踪仪器为青研 EyeLab 眼动仪，数据采集原理为眼位提取。其取样速率为 100Hz，测试距离为 45~75 cm 的双眼采集方式，屏幕显示率 1024 × 768 像素。为保证被试者的舒适自然，实验过程中不对被试者使用夹具，全程自然坐姿，座椅柔软。实验全程无噪音与人为干扰。

一般采用非头盔、无夹具的眼动追踪实验，10%~20% 的眼动位置在电脑显示屏外，被称为数据丢失，单个样本测试丢失数据的被试者其整组测试数据将被全部抹除，不计入平均数据。由于手机屏幕过小，在本实验中采用 PC 机模拟手机使用的视觉认知环境，实验所展示的手机图形界面显示有虚拟手机图形。作为认知内因的相对评估，合理有效。值得一提的是，使用 PC 和实验室模拟移动手持设备的交互过程，会舍弃很多特定影响因子。如行走的抖动或站立的低头等。但由于本实验是基于平行测试展开的，可忽略外部环境因素。

3. 被测试者选择

被测试者基本要求裸眼或矫正视力在 1.0 以上，无色盲色弱。在预测试中发现，高度近视、散光等视力缺陷对眼动追踪效率有重大影响，尤其近视度数在 500 度左右的被试者即使佩戴隐形眼镜校正后依然会在定标中失败。部分被测试者由于眼动速度或视力问题造成无法捕捉、定标或多次定标失败，不予参与测试。

通过预测试筛选出被测试者 32 人，其中教师 3 人，学生 29 人。男性 16 人，女性 16 人。教师年龄跨度由 30 至 37 岁，学生年龄跨度由 19 至 23 岁。所有被试符合测试条件的同时都来自本移动应用的目标用户群。

4. 实验结果及分析

根据前述评估策略所制定采集数据及评价标准，总结如表 4-4-1 所示。

表 4-4-1　采集数据与评估标准

采集数据	数据评估标准
首次进入时间	数值偏小说明获得更多注意力
进入次数	数值偏大说明搜索绩效高
兴趣区注视点	数值偏大说明获得更多注意力（绝对）
兴趣区注视率	数值偏大说明获得更多注意力（相对）

实验数据由眼动仪自动采集，生成数据后平均所有数值，得出数据保留小数点后 3 位。

表 4-4-2　测试 1 数据

	样本 1	样本 2	较优设计
兴趣区首次进入时间（秒）	1.078	1.599	样本 1
兴趣区进入次数（次）	1.375	1.000	样本 1
兴趣区注视点（个）	1.625	1.111	样本 1
兴趣区注视率	62%	66%	样本 2

如前所述，样本 1 较之样本 2 用时少 0.521 秒，样本 1 获更多注意力且优势明显；样本 1 进入次数数值较高，即搜索绩效高，较优；在兴趣区注视点数值中与样本 2 产生优势差距，证明其获得更多绝对注意力；仅仅在相对注意力上以 4 个百分点略弱于样本 2。综合分析，测试 1 中的样本 1 为可用性较优的原型。

表 4-4-3　测试 2 数据

	样本 1	样本 2	样本 3	优势样本
兴趣区首次进入时间（秒）	1.250	1.375	0.750	样本 3
兴趣区进入次数（次）	1.058	0.174	0.966	样本 1
兴趣区注视点（个）	1.625	0.875	2.000	样本 3
兴趣区注视率	75%	62%	87%	样本 3

在首次进入时间数值中，在样本 1、2 用时均大于 1 秒的情况下，样本 3 仅耗时 0.750 秒，所获注意力明显高于样本 1、2；在进入次数数值中以微弱差距即 0.092 弱于样本 1；在兴趣区注视点与注视率中都呈现出该组测试数据的最大数值，显示出其对被测试者绝对注意力与相对注意力的强烈吸引。综上所述，测试 2 中的样本 3 为可用性较优的原型。

表 4-4-4　测试 3 数据

	样本 1	样本 2	样本 3	优势样本
兴趣区首次进入时间（秒）	0.388	0.772	1.094	样本 1
兴趣区进入次数（次）	1.449	1.429	0.857	样本 1
兴趣区注视点（个）	2.143	2	1.143	样本 1
兴趣区注视率	85%	91%	85%	样本 2

在首次进入时间数值中，样本 1 仅耗时 0.388，耗时少则其所获注意力多于样本 2、3。在进入次数数值中以较大数值优于样本 2、3，但其与样本 2 的差距并不十分明显。同样的，在注视点数值中，也仅 0.143 的微小差距优于样本 2。甚至在注视率数值中还小于样本 2 数值 6 个百分点。综上所叙，测试 3 中的样本 1 虽为可用性较优的原型，但其与样本 2 之间的优势差距并非巨大，所以样本 2 的布局设计对最终的原型定型也具有一定的参考价值。

四、评估结论

通过眼动仪所捕捉的眼动数据，在近年来常用于评估展示于电脑显示屏或其他电子显示屏的交互产品的可用性，例如网页或电子屏广告、触摸屏交互产品等。其较之用户访谈，调查问卷等方式具有客观、直观等优点。而将其用于智能手机移动应用图形用户界面设计原型的可用性评估是一种新的尝试，以往只有较为笼统的测试方法，且测试方法无法准确指出如何修正设计可提升原型的可用性。

以平行测试得出两个设计方案谁为更优选项的方法是传统的可用性测试方式。而本评估的平行测试立意在于获取不同的视觉要素作为影响因子如何对移动应用图形用户界面产生影响，其影响是正面或负面的，其影响程度的高低等。本评估方法设计了针对色彩、图标、布局等视觉要素分别测试的眼动追踪测试，并收集重要数据，如首次进入时间、进入次数、注视点个数、注视率，再根据眼动仪所捕捉数据进行定性或定量分析。值得注意的是，该评估方法所得系列数据不可机械地依照单项数据评价。微妙的数据差别有时折射出的是同组两个样本各自的优势，其数据与结果值得做出进一步综合考量。

该可用性评估测试设计的核心在于：其一，使用眼动仪作为数据记录的仪器，保持其测试及测试数据的客观性；其二，以平行测试作为可用性评估的基本测试方针，最终目的在于优选设计方案；其三，以分解视觉要素作为平行设计的样本制作标准，做到一组测试有针对性解决一个影响因子；其四，将兴趣区策略作为可用性测试的评估策略。

经过测试与测试方法反复修正，试图形成一种基于眼动仪的智能手机移动应用图形用户界面设计的可用性评估方法，并逐步形成测试与评估标准。该可用性评估方法可广泛应用于手持移动设备的可用性评估与可用性优化。

第五节　基于POP的测试

图形用户界面测试移动应用 Pop（Prototyping on Paper）是一套简便易行的纸原型测试移动应用，但是在课程中将其用以最终原型的测试也是不错的方式。如图 4-5-1 所示，导入制作好的移动应用图形用户界面图片后会出现一个关于项目中所有图形用户界面的概览，并可以自由调整顺序。

图 4-5-1　在"POP"中导入图形用户界面设计

首先将制作好的图形用户界面（图 4-5-2）按照顺序导入，并调整顺序。

图 4-5-2　链接图标

在桌面上移动应用的图标上绘制热区，并且点击链接（Link）按钮，如图 4-5-3。

图 4-5-3　链接页面

在系统列出的链接中选出一个页面作为点按移动应用图标将要跳向的页面，如图 4-5-4。

图 4-5-4　选择手势选项

返回，点按手势（Gesture）选项，并选择点击（Tap）选项。在架构复杂的交互原型中，如果为了方便寻找某个页面或功能，可以为该页面添加标签。点击右上角的图标，如图 4-5-5。

图 4-5-5　注释与说明页面

可以在这里的空白处输入文字，作为图形用户界面增加注释与说明。

图 4-5-6　为其他页面选择手势及链接

并为其他页面添加手势及链接，如图 4-5-7。

图 4-5-7　将所有页面链接

按此步骤将所有的页面相互链接，包括底栏的跳转，使之可以正常运行，如图 4-5-8。

图 4-5-8　链接完毕的一级页面`

这是全部链接后的一级页面，如图 4-5-9。

图 4-5-9　使用 "POP" 测试所有页面

点按下方的三角形播放按钮开始测试整个原型的动态和流畅度，如图 4-5-10。

图 4-5-10　在全屏状态下测试

开始全屏状态下的测试。

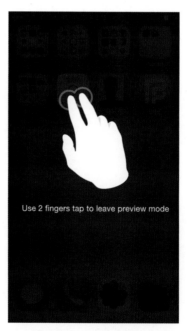

Use 2 fingers tap to leave preview mode

图 4-5-11　双站点按退出

双指点按可以退出测试，如图 4-5-11。

Pop 中所提及的交互手势附录如下。

表 4-5-1　移动应用 POP 中所提及交互手势中英文对照

单击	Tap
向上滑动	Swipe up
向下滑动	Swipe down
向左滑动	Swipe left
向右滑动	Swipe right
缩小	Zoom in
放大	Zoom out
双击	Double Tap

页面转场动画附录如下。

表 4-5-2　移动应用 POP 中所提及转场模式中英文对照

中文	英文
无动画	None
渐隐	Fade
左侧（新页面）划入	Next
右侧（旧页面）划出（Back）	Back
（新页面）向上划出	Rise
（旧页面）向下划出	Dismiss

测试并不是最终目的，最终的目的是了解用户的感受。在测试之后需要对参加测试的用户提出问题并搜集问题，以此移动应用图形用户界面 POP 测试为例，提出的问题如下：

①你喜欢这个移动应用的图形用户界面么？

②喜欢和不喜欢都请说出原因。

③你认为在使用的时候有困难么？

④困难在哪里？

⑤你觉得可以如何改进？

当然，这些问题要基于用户在拿到这个原型之后就积极地操作与把玩。但如果用户不积极怎么办？一般采用布置任务的方法，如在固定时间内找到某些页面或者在固定时间内操作某些内容等。

用户体验测试（User experience test）是一个测试产品满意度与使用度的词语，可能是基于西方产品设计理论中发展出来的。在大多数情况下，产品软件测试或是商业营销测试时，会用到用户体验这个词。但是它也可应用在交互设计、交互式语音应答上面。有时在探讨设计价值时，也会用到此新设计是否导出更差的用户体验，来评估其好坏。

本章小结

本章主要讲述的是检验用户体验设计即交互设计的方法。在本章所介绍的 5 种不同研究方法侧重点不尽相同。可用性测试侧重在功能的达成上，从测试的执行到分析、到结果的定量定性是一个完整的流程。A/B 测试则是侧重在选择出更优的解决方案，从设定问题、设置任务、同轨测试、单一变量等方面进行测试的控制。用户反馈则是依靠用户提供该数据的一种研究方式。而基于眼动仪的可用性评估、基于 POP 的测试则是借助工具模拟用户对交互产品的使用，来寻找产品中的可迭代之处。

评价一个产品用户体验设计的优劣可以帮助设计师迭代产品，是对产品、用户、商业模式负责的最佳方式。